地球事 我的事

人與自然的永續行動

Earth live, our live

羅世明・邱千蕙・潘俞臻等 著

證嚴上人開示

大哉教育
——向天懺悔，對地感恩

慈濟推動環保已經三十年了！三十年前，環保不受重視，沒有人體會到它的重要；現在，環保是天下的大議題，因為地球已經發燒，受到人類的破壞，氣候不調和，災難偏多。聯合國雖然已經警覺到，不斷地開會協調，希望能降低工業汙染、節能減碳；但是人類總是無止境地一直追求經濟發展，環保談何容易呢？唯有大家共知！

然而，大家都知道現在天災多，是來自於溫室氣體的大汙染，也明白這樣消耗能源，將會為地球帶來大災難。明知如此，卻無法達成共識。不管如何協調，人人還是以經濟利益為優先，聽到很令人擔心，地球到底還有多久時間，堪得起這樣的消耗？堪得起這樣的汙染？我們應該要提高共識，還要一起共行。

「共知、共識、共行」很重要！南、北極的冰山一直在融化，海水上升、溫度升高，氣候產生很大的變遷，看了心裡真的很焦急、難過！

如何保護地球？其實慈濟已經做了幾十年，提倡愛物、惜物、節約等等，我們一直在做。從我在三十年前演講中倡議「用鼓掌的雙手來做環保」開始，多少老菩薩們，這樣呵護著地球，這一大群的老菩薩都很有回收的常識，回收物資手一摸，就知道這是可回收，那是不可回收的；這一類要歸哪裡，那一類要分哪裡，他們都知道。

老菩薩們不一定識字，但卻懂得真誠的道理，天天身體力行，謹守傳統的道德倫理，一生勞動，在養家的同時也為社會付出，造橋、鋪路，或是種田、割稻，現今社會上士、農、工、商的繁榮，無不是老一輩人勞苦一生所創造出來的。尤其他們退而不休，投入環保志工，用粗糙的雙手膚慰地球，做資源回收……那雙手，就是最美的手。

所以，我們很需要改變自己的生活，要多反省，生活欲念要減低一點，對的事，做就對了！節儉一點、自然一點，回歸過去的生活，不要一直製造碳足跡。

以前我寫《慈濟》月刊的稿子，捨不得用整張白紙，而是撕日曆紙當稿紙，第一回用鉛筆書寫，第二回用藍色原子筆書寫，第三回用紅筆，第四回用毛筆，一張日曆紙可以用四次。現在看年輕人毫不在意地大量用紙，總覺得很可惜。

人的一輩子能有多久呢？一個人得到的利益，又能享受多少呢？再享受，時間也是一天二十四小時；再享受，也是肚子吃到脹而已；再享受，也是衣服穿到暖而已。所以，我們若能夠惜福，就是在積福；積福，就是在為自己撿「福」回來。別人捨「福」出去，你丟、我撿；我們趕緊將這個「福」撿回來，回收製造成有用的東西，再拿去幫助苦難人。

善惡拔河，總是人多的一方有大力量。假如善心人多，願意節省、力行環保的人多，就有足夠的力量挽救地球環境；假如浪費的、為惡的人多，只會加速地球毀壞。所以大家還要加大力道，呼籲大眾重視、力行環保。

醫事青年營學員簡易班永久

愛的成長，付出且同時啟感恩

一位孩子留長为上台分享

布蘭發施之他的勇敢，從來

與有可为可能不需冷氣?!

大陸台生 離前依 並发願为

菩提種子

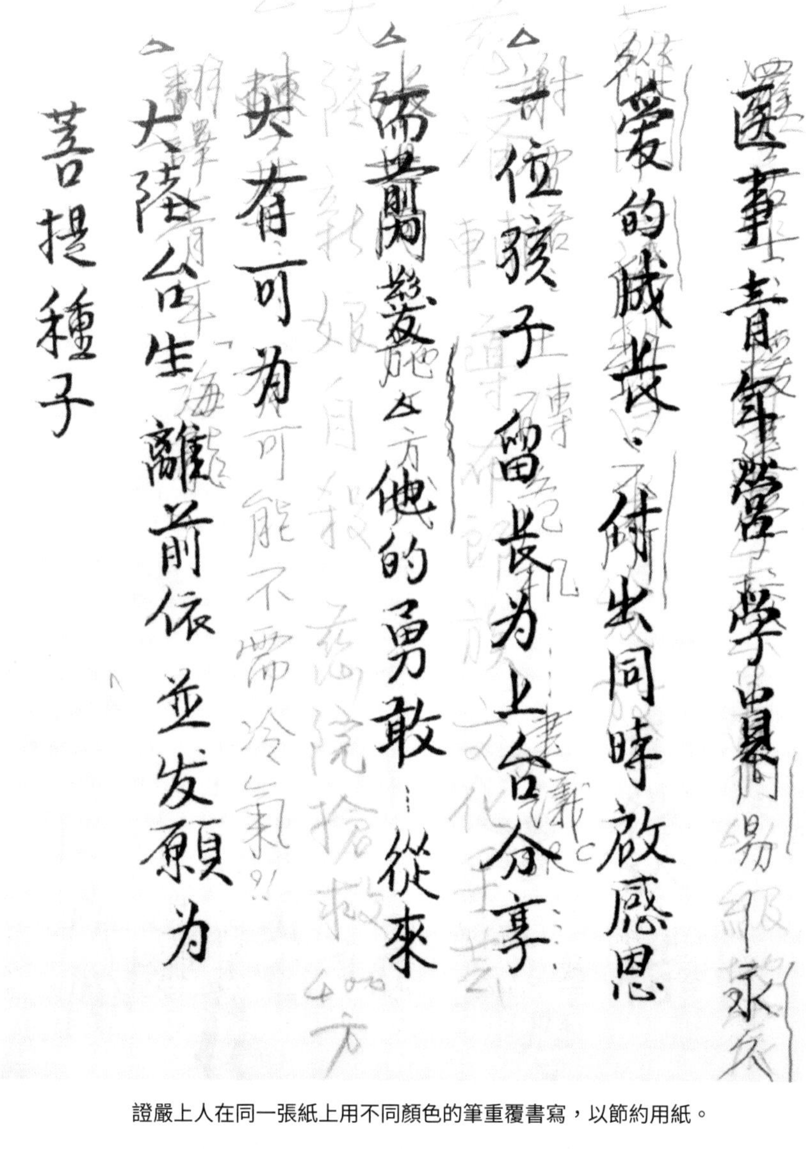

證嚴上人在同一張紙上用不同顏色的筆重覆書寫，以節約用紙。

因為塵世汙染的緣，會引發人心的欲念，有如一再掀起的千尺浪濤，將會造成世間的災難。

這一波瘟疫（新冠病毒）的災難已經臨頭，這個時刻，我們真的要感到害怕，但是怕又何用？人們應該要開始覺悟，趕快抬頭向天懺悔；低頭向地道感恩。人類依賴著這片綠意盎然的大地，樹也好，草也好，無不都是大自然提供給眾生的生機，還有五穀雜糧和水，來滋養眾生的生命。

我們要知足，大地的寬容已經讓我們生活得很好，我們卻還要更好，不斷地破壞，心靈的欲念也無盡期地貪婪著，所以危機越來越高，這種覺醒還沒有抬頭，除了病毒，全球的地、水、火、風四大不調的災情也很可怕。

大自然的災情，這種疾病的疫情，還有人類平常所製造出來的禍端，延伸到現在，這都很令人感嘆！我一直說，這一波是大災難，但是也給我們一個很好的教育，轉懼怕心為感恩心，因為這是「大哉教育」。

我們要有「感恩、尊重、生命愛」，因為地球上不是只有人類的生命，所有的動物也都是生命。養雞、養鴨、養豬、養牛，牠們要吃，要排泄，占多大的空間，就有多少的汙垢和汙染；牠們呼出去的，與我們一樣也是濁氣。肉食需求降低，動物飼養量減少，可以減少溫室氣體排放，改善全球暖化、調和氣候變遷。更重要的是減輕殺業，讓萬物依其自然生態繁衍、成長與消亡，不要為了口欲與眾生結惡緣；怨與恨的惡業越輕，愛與善的福氣越大，才能平伏災難。

天下多災難，如何能平安下來？讓溫度不要再升高，氣候平穩下來？沒有其他方法，只有環保與素食。

總之，我們要疼惜大地，也要疼惜物命，這就是愛；我們可以愛物，當然就可以愛人。希望人人將愛心啟發出來，疼惜天、地、人，讓我們的愛涵蓋一切，與天地萬物共生息。

序

用雙手、感動傳承永續

——簡又新（臺灣永續能源研究基金會董事長／首任環保署長）

二〇二〇年，天災頻頻發生，一波災難未平，一波禍患又再起。澳洲野火肆虐，燒掉數倍大的臺灣；非洲東部爆發蝗害，摧毀無數農田；新冠肺炎病毒蔓延至世界各地，上百萬人因此喪命；美國西部野火蔓延，染橘整個舊金山灣區。

面對大自然的反撲，人類陷入前所未有的困境中，維護人類生存環境已達刻不容緩的時刻。按照當前溫室氣體排放程度，全球氣溫增幅最快將於二〇三〇年突破攝氏一．五度的門檻，伴隨海平面升高，將引發更強的風暴、洪水和乾旱等大自然災難。為了避免全球氣候混亂，急需全球社會展開前所未有的重大轉變。

一九九〇年起，慈濟以民間團體角色，啟動環境保護志業。三十年過去了，足跡遍及一一六個國家地區，其中慈濟志工扎根於六十三個國家地區，持續分享與推廣環保理念，讓永續發展得以廣布於世界與流傳於跨世代。或許就現實狀況而言，慈濟推動環保志業有點像「愚公移山」，若無法從消費趨勢與習慣改善起，怎樣的回收與清理都趕不上增長速度。即便如此，不得不佩服慈濟一步一腳印的決心與智慧，企圖解決「認知」與「行動」落差，以面對日益嚴峻的氣候挑戰。

回顧慈濟環保三十週年，慈濟展現行動的勇氣與意志，將環境議題與氣候變遷當作人類生存危機，而非因應當前的氣候災難。於落實環保志業理念中，慈濟充分表現出愛的力量，愛自己的生命、愛家人與朋友、愛環境與萬物，給予慈濟力量承受志業推廣的壓力與阻力。透過實際行動與愛的力量，慈濟跳脫出現實社會運作模式，共同分擔責任、共享資源，不犧牲與不拋棄任何一人，讓永續發展得以傳承與庇佑各世代。

落實環境保護與推廣永續發展是每位地球公民的責任。從閱讀《地球事，我的事——人與自然的永續行動》一書中，可看見慈濟志工們如何發揮個人良能，改變自己、改善環境，用雙手來疼惜、愛護地球，以及如何從資源回收中發揮創意、延續物品生命與再利用。用真實、感人的故事，讓永續志業得以長存。面對人類生存的挑戰，慈濟永續志業與精神讓社會充滿更多希望與力量。

序
地球事，我的事：人與自然的環保永續行動

——張子敬（行政院環境保護署長）

看到慈濟環保三十年的點滴，也讓我在腦海中再次回顧臺灣環境保護工作的演進。從以往垃圾常被往溪、河裡丟的情景，到被「華爾街日報」報導臺灣是廢棄物處理的天才、資源回收的模範生，感觸良深。

三十年前，證嚴上人在臺中新民商工一場社會公益演講上，鼓勵大家「用鼓掌的雙手做環保」。這個強而有力的號召，啟發了無數人，觸發了無數善行。我們臺灣在環境保護上積累的成果，仰賴的是全民環境素養的提升、環保機關的共同努力、各界夥伴團體的耕耘和付出。慈濟環保志工

們對垃圾分類、資源回收再利用等環保工作，躬身力行的貢獻，更是世界有目共睹。

行政院環境保護署自一九九八年實施資源回收四合一政策，結合社區民眾、回收商、地方政府清潔隊、資源回收基金，建立資源回收網絡及規範，逐漸養成民眾垃圾分類與資源回收的好習慣。二〇〇二年起，循序推動限塑政策，希冀民眾從源頭減少使用免洗餐具、塑膠袋與手搖杯等一次用塑膠製品，更引發新創業者研發諸多具有創意及設計感的實用生活器具，帶動起綠色風潮。現今持續導入零廢棄觀念，讓社會大眾瞭解廢棄物只是錯置的資源；透過綠色生產、綠色消費、回收再生、再利用等方式，就能讓資源有效循環及使用，實現循環經濟的社會模式。

本書以慈濟多年推動資源回收及環境友善行動的在地經驗及觀點，敘述如何透過創意及巧思，將各種環保觀念融入我們生活的各個層面。藉由凝聚共識的過程逐步將減緩全球暖化的抽象課題，轉化為具體行動並加以實踐，值得作為國人的環保生活指南。

今年（二〇二〇年）行政院環境保護署推出「全民綠生活行動」，同樣提倡「減法生活」概念。以「夠就好生活」的理念，邀請國人一起從食、衣、住、行、育、樂、購等面向，在各生活層面身體力行。包括：使用在地食材，以減少食物運送過程的碳排放；發揮惜食精神，避免食物浪費和廚餘產生；推動環保夜市，讓臺灣的夜市文化走向更減塑低碳的方式。另外，鼓勵選購環保標章等綠色產品及進行綠色旅遊等實際行動，都將讓臺灣成為全世界最乾淨及宜居的家園。

我相信，環保不單是政府的事，而是一種生活態度，是每位公民都可以用「選擇」來完成的行動。慈濟人的雙手和心念，便是體現此精神的最佳典範。期藉由本書提供我國民眾落實綠色生活、力行環境保護的參考，從中發現，守護土地的易行之道。

序 利生、利人、利己：慈濟環保志業三十年

——葉欣誠（國立臺灣師範大學環境教育研究所教授）

地球的事，就是我的事。因為，我就是地球的一部分。

地球誕生至今四十六億年，從「水深火熱、了無生息」的原始環境逐步演化至今，藍綠藻出現、多細胞生物出現，後續歷經五次生物大滅絕，直至二、三百萬年前，人類才出現在地球上。對於地球生態系而言，我們只是很晚才到的旅客。然而，我們卻將美麗祥和的天地視為理所當然，揮霍各種自然資源，天福再滿，也終有耗盡之時。

在臺灣的我們，歷經戰亂後的慘澹歲月，後來隨著工業經濟的快速發展，環境品質同步惡化。一九八七年，環保署成立，環境保護成為政府推動的工作。然而，政策與法令不代表社會能夠快速隨之改變。一九九〇年，慈濟體系開始推動環保志業，透過具體實踐，讓志工與社會大眾熟悉、接受與推廣各種環保簡約生活行動，至今三十年。現在的臺灣，環保已是不需要爭辯的主流價值，且成為每個人生活的一部份。慈濟在這過程中，發揮了極大的領導、提醒、陪伴、示範等功能，讓臺灣人知道，環保就在生活中，人人都做得到。

在《地球事，我的事——人與自然的永續行動》一書中，讓我們看到上人在三十年前啟動環保志業時的初心，提醒人們敬畏天地：向天懺悔，對地感恩。事實上，長期以來，我們可以看到慈濟每一位志工遵循這「無緣大慈、同體大悲」的核心價值，並且在環保、救災、社福等不同的主題上具體實踐。無條件給所有認識或不認識的人們正能量，以同理心理解與感受每一位結緣的朋友，這正是現在全球永續發展目標（ＳＤＧｓ）所強調的「包容」（inclusion）。

本書內文從一開始的資源回收談起，隨著時間的變化，提到更完整的廢棄物管理，並且進化到現今的「循環經濟」概念。慈濟體系從一開始持續至今的資源回收的細微之處持之以恆，建立了厚實的回收、分類與再利用體系，並且與時俱進，創立大愛感恩科技，具體實踐蘊含慈悲精神的循環經濟商業模式，福德與智慧兼顧，小處著手，堅持到底，且不斷精進。

書中也特別談到生態保育、氣候變遷和永續發展，都是現在地球與人類更根本、迫切與全面的議題。不僅談了核心概念，也告訴讀者許多具體的科學論證，和親身可以著手的功夫。這提醒了我們，面對環境的挑戰，必須有思想、有知識，能實踐，亦即透過「利生」，同時達到「利他」和「利己」的大智慧。

三十年不短，相信慈濟的願力與行動力將繼續在混亂的世局中，守護地球、守護臺灣、守護我們。

序
從拍手到環保手之路

——陳曼麗（主婦聯盟前董事長／看守台灣協會理事）

臺灣是一個很有福氣的地方，善良又有愛心的人民不斷地付出精力、時間，在這裡開出美麗的花朵。

從小，當「酒矸倘賣否」的吆喝聲在我家門口出現時，我們會趕忙從院子裡拿出破銅爛鐵賣給小販，有時換回幾個銅錢，有時換回一支麥芽糖，心裡總是喜孜孜的。在經濟起飛的年代，高樓蓋起、拾荒老人不見了，破銅爛鐵都丟在垃圾桶裡了，生活垃圾也增多了。

可愛的臺灣人有心面對垃圾問題，在社區、學校展開推動垃圾分類、資源回收、垃圾減量。很多社區社團加入行列，成為最生活化的綠行動。政府訂出資源回收方案，要求製造商和進口商要先繳交資源回收基金，在產品用畢後，有專人處理回收清除再生工作，創造就業機會，也形成資源回收的環保產業。

每個人因為環境綠行動而找到生命的價值，生命的收穫不在金錢，而在生命的實踐，不論身分地位，找到自己可以做的事，長期做下去，累積的能量，就會感動自己。我在主婦聯盟看到感動的身影，在慈濟也看到很多實作的身影，不分年齡性別，就是把愛地球的行為彰顯出來。

有一次，我去慈濟基金會，看到上人鼓勵大家，用鼓掌的雙手來做環保，非常感動。環保不是用說的，而是用做的；說一畚箕，不如做一湯匙。攜帶購物袋、環保隨餐包，少用塑膠袋、免洗碗筷，這樣就可以減少很多垃圾了。

經過一段時間，我們看到環境改變，臺灣社區變得更乾淨，環境生態也讓人心曠神怡。當我們有七十分的成績時，我們看到更高的階段值得我們去努力，立下九十分的目標，大家一起追尋。臺灣四面環海，當我們看到海洋汙染，海龜、海豚、鯨魚被廢棄物干擾，甚至死亡，在影像傳播的震摑下，關心其他生物的棲息環境，也被搶救。我們檢討人類的自私行為，期待萬物都可以受到尊重，繼續在地球生存。

在地球村裡有很多考驗，近幾年，氣候變遷，很多國家發生大火，燒毀森林，使得溫度不斷增高。影響所及，缺少水資源，糧食歉收，疾病增加，受苦的人會越來越多。臺灣近年氣溫高達三十九度，我們也在警惕。個人用雙手來安定身邊的環境，行有餘力，貢獻更大的心力扶持更大的社群。

全球思考，在地行動，立下永續發展目標。永續發展是一個巨大的目標，細部執行需要不同的國家因地制宜，在地規畫，在地落實保護行動，累積起來，就會有好的成果，讓地球持續可以讓子子孫孫安居樂業！

序 環保30，邁向地球永續之道

——顏博文（慈濟慈善事業基金會執行長）

二〇二〇年慈濟推動環保已經三十年了！事實上，慈濟的環保生活，還要溯源到更早的時期，自從 證嚴上人帶著僧俗二眾，在靜思精舍過著自耕自食的農禪生活就已經開始了。那種簡樸克難的精神、惜福愛物的理念、與大地共生息的生活，完全就是現代環保所提倡的5Rs生活——「資源回收」（Recycle）、「維護保養」（Repair）、「重覆使用」（Reuse）、「少用」（Reduce）、「不用」（Refuse）。

因此，當臺灣社會因為經濟發展，民眾富裕，物資享受漸增，大量的垃圾問題產生時，也讓 上人於心不忍。一九九〇年八月二十三日，上人應吳尊賢文教公益基金會舉辦的「吳尊賢社會公益講座」邀請，在臺中新民商工的演講結束前，當場呼籲現場聽眾「用鼓掌的雙手做環保」。從此，臺灣開始有了一群認真投入資源回收的環保志工，每天穿梭於鄰里巷弄、市場商家回收資源垃圾，許多人清晨夜晚、風雨無阻，甚至過年過節，一年三百六十五天都不打烊。

環保志工由臺灣出發，發展到全世界，截至二〇一九年底，全球超過十一萬人，在十九國家地區設立逾一萬個環保教育站、環保點，每天在地球上各個角落默默地守護著大地。

慈濟的環保，不僅是資源回收。秉持證嚴上人「清淨在源頭」的理念，環保志工回收資源，也學習淨化己心、節制貪欲、減少消費與消耗，從源頭做到「心靈環保」。

慈濟的環保已創造完整「環保一條龍」的「兩個循環」！將環保志工回收分類的塑料，透過環保科技，再製成各種賑災和生活實用的再生產品，實踐所謂的「經濟循環」。

環保志工把握生命價值，投入資源分類、回收和環保教育，不但促進自

慈濟環保一條龍
Environmental Protection—Tzu Chi Model

己的身體健康，更守護地球健康。同時再挹注大愛臺製播美善訊息、電視節目傳播全球，因此很多社會大眾的環保精神被啟發，更願意來做環保志工，形成慈濟人文所謂的「精神循環」。

慈濟環保一條龍的經濟循環與精神循環，兩個循環加起來，形成如數學「無限大∞」符號，這全球獨一無二的模式，是可以生生不息、鼓勵更多人來響應、力行環保，也是減少污染、友善地球及永續發展的貢獻里程碑。

ＫＰＭＧ每年針對全球一千三百家大型企業的執行長含臺灣的三十

位執行長做未來展望調查，所公布的《二〇一九全球CEO二〇一九年前瞻大調查》發現，不論是全球或臺灣的調查結果都顯示「環境與氣候變遷」被企業列為影響未來發展的首要風險。

地球暖化所帶來的極端氣候及天然災害日趨嚴重已是不爭的事實，地球上的任何一人，未來都有可能成為氣候移民或難民。人類過度耗用地球資源、破壞生態平衡，已造成大自然反撲，唯有擴大「與大地共生息」的共識與行動，才能緩和環境變遷的衝擊。

近年，慈濟積極參與聯合國NGO平臺會議，旨在向國際倡議「垃圾變黃金、黃金變愛心」經驗，發揮清流社會影響力。二〇一九年，慈濟主辦聯合國對話及活動四十九場次，受邀發言三十七次，並以「聯合國環境署（UNEP）非政府組織觀察員」身分出席聯合國第四屆環境大會（UNEA）、第六屆全球減災平臺大會、國際明愛大會（Caritas International）、聯合國永續發展目標高階政治論壇（HLPF）、聯合國氣候變遷綱約國大會（COP）等國際環境議題論壇，一再努力讓資源回收再製、「零廢」循環經濟、茹素護生、自備餐具等做法與環保行動，獲得各國代表的關注與認同。

二〇二〇年適逢慈濟環保三十週年，亦是世界地球日五十週年，慈濟基金會期待與社會大眾共同推動環保生活與教育，特別推出「環保三十．全球行動」系列活動，包括行動環保教育車巡迴特展；與國家地理雜誌合辦環保路跑，全程不使用一次性容器；邀請各縣市共同舉辦「蔬食無痕、環保無塑」倡議野餐日，休閒活動不要帶給環境負擔。

十一月於慈濟新店靜思堂舉行「第六屆慈濟論壇」，以「未來地球與綠色行動」為主題，邀請國內外產、官、學界及環保團體共同參與，思索現今面臨全球暖化導致氣候進入緊急狀況的情況下，如何以上人呼籲的全球「共知、共識、共行」來解決當前人類面臨的永續生存問題。

因應當今全球的風險挑戰，慈濟正在努力推動兩項「永續」，也是地球上所有人責無旁貸的氣候行動：

一、「資源永續」：推廣慈濟「環保一條龍、雙循環模式」，提高資源回收、再生、再利用的「循環經濟力（率）」，朝全循環經濟（零垃圾）的目標努力。

二、「地球永續」：倡議「清淨在源頭、簡約好生活」的精神，推動蔬食及5Rs，避免病毒流行威脅、促進個人身體健康、緩和氣候變遷衝擊、改善環境生態破壞、解決能源糧食危機，以確保人類與地球的永續發展。

僅以此書呈現在臺灣的政府單位、民間組織，三十多年來為環境付出，成就的亮麗成果，並載錄慈濟投入環保三十年來努力的實踐過程，與各界交流學習，祈願能以共善的力量，力挽狂瀾，一起成就環保的永續生活！

目次

證嚴上人開示 2

簡又新序 8

張子敬序 11

葉欣誠序 14

陳曼麗序 17

顏博文序 20

楔子：環保，一個古老的新名詞 28

第一篇

・從垃圾島到環保島 38

・用鼓掌的雙手做環保 50

・垃圾是錯置的資源 60

・藍色星球　水是大生命 71

・看見現代「拾穗者」 79

第二篇

・循環經濟與資源重生 88

・寶特瓶變成衣服 97

・慈悲科技　環保創生 107

・一念之間　垃圾是古董 117

・在環保站快樂終老 125

・人生也可以再利用 136

第三篇

・「零垃圾」是夢想嗎？ 148

·是食物就不要變垃圾 157
·簡約生活「夠用就好」 164
·清淨在源頭　五寶跟著走 176
·沒有垃圾桶的生活　怎麼過 188
·我的環保大懺悔 201

第四篇
·與眾生和平共處 210
·蟲鳥共享　與大地共生息 224
·綠色循環的慈善農業 235
·滌塵去垢　再現觀音 245
·與病毒和諧共處 260

第五篇
·守住溫度臨界點 270
·全球暖化與災難防治 283
·生物多樣性與糧食危機 296
·蔬食減碳與身心靈健康 306
·永續環境與人類的未來 316

第六篇
·我是環保熱青年 330
·Fun大視野　想向未來 342
·我愛醜蔬果 350
·拯救海洋　為湛而戰 361
·打掃海龜的家 370

特別感謝 379
慈濟環保統計圖表 380
慈濟環保大事記 385

楔子：環保，一個古老的新名詞

——潘俞臻

用完餐，碗裡留一小片菜渣，倒進一點惜福水（溫水），用菜渣抹淨碗中的油漬，再連菜一起吃喝下肚，不浪費碗中的一粒米、一葉菜、一滴油。這小小的舉動，是靜思精舍用完餐的習慣；是惜福，也是感恩。

靜思精舍是慈濟精神的搖籃。在精舍，環保不只是理念，更是生活；在每一角落，從細節處都可以看見環保的大智慧。

為了避免落葉、石子及雜物掉入水溝，導致溝內的水因阻塞而無法順暢流動，每個排水溝鐵蓋的底部都加上了一層紗網，平時只要清理紗網上的垃圾，即可防止排水溝阻塞而髒臭。

除了附網的溝蓋，精舍的建築更是架構在「與天地共生息」的觀點上，透水溝即是一例，以一層層的鵝卵石取代水泥鋪在溝上，如此溝內的水便可順利滲透到地底，變成地下水再利用。地面上亦是如此，使用連鎖磚讓大地能夠呼吸，也讓大地不因水泥覆蓋而失去生機。

花蓮靜思精舍主堂雨水收集器及滴水鏈。
（攝影／蕭嘉明）

處處用心　惜水如金

證嚴上人曾說：「水是大生命！」在慈濟，不管是精舍，還是各地的靜思堂或者是環保站，「惜水」是長久以來的習慣與行動。其實，慈濟對於惜水的思維，早就融入在建築物裡頭，舉凡雨水回收系統、再生水系統，乃至於滴水鏈，甚至是置放於水龍頭底下的接水桶，都希望讓每一滴水有更好的去處。

「天若無落雨，人就無變步。（臺語，意即老天若不下雨，人便無計可施）」為了留住水，精舍師父不但勤回收，而且從源頭就力行省水，他們洗衣不用洗衣機，而且一水多用，善盡每一滴水的功能。雨天儲存的水用來灌溉菜園，刷洗地板、窗戶、清洗回收物，總是用到無法再使用。

大寮（廚房）的用水也是一個很好的例子。精舍師父在洗碗槽排上一個個大塑膠盆，按照程序一道道清洗蔬菜。洗菜時，有泥土的菜從第一個塑膠盆清洗到最後一個塑膠盆，一旦發現塑膠盆中有雜質，則用網撈起；塑膠盆裡的水濁時就往後移動，最後一個較乾淨的塑膠盆水則移到最前頭，接續清洗程序。最後，洗完蔬菜含有泥土的汙水，用三輪車載到菜園灌溉，發揮最後效益。

靜思精舍的堆肥成為菜園的養分。（攝影／黃筱哲）

靜思精舍日常洗菜，一盆盆過水，由濁到清洗淨，節約用水。（攝影／蕭嘉明）

落實5Rs　物盡其用

除了水資源循環再利用，其他的每一項物品也盡是發揮巧思，百變千變讓物命不斷延展。回收的塑膠袋洗好、晾乾，大的、厚的可裁成防水圍裙，小的可繼續包東西；回收的米袋可車成提袋、購物袋或小提袋；破裂的塑膠桶，靜思精舍師父也耐心用銅線縫補，讓補釘的塑膠桶也能發揮大效用。

果皮也可以製成酵素，作為清潔劑；攪碎的樹枝樹葉、菜渣、廚餘都是堆肥的材料，而師父、常住志工的粗布衲衣舊了、破了，衣坊間的志工則發揮巧思慧心，總是縫縫補補又一件。

仔細思量，靜思精舍傳統簡樸的生活方式，正是現代環保所倡議的5Rs——拒用（Refuse）、減量（Reduce）、重複使用（Reuse）、修理（Repair）、回收再用（Recycle）的具體實踐。而克己、克勤、克儉與克難，正是靜思家風根本的生活理念。

靜思精舍常住師父戴著斗笠耕作、播種，後為中央山脈。
（攝影／上圖：黃錦益，右圖：游錫璋）

刻苦修行　自耕自食

「有能力就吃三餐，沒能力就吃一餐。」德慈師父憶及自五十幾年前，證嚴上人和弟子就是如此的「克己」。

一九六四年底，時年二十七歲的上人，帶著皈依弟子德慈師父借住位於花蓮縣秀林鄉佳民村內的普明寺，德融、德恩師父隨後也加入其中，師徒四人刻苦修行。

三位女眾弟子放下一切，誠意殷切從俗家走進如來家，不在乎環境惡劣，一心跟隨上人，效法唐朝百丈禪師「一日不做，一日不食」的精神，利用廟後五分旱地耕種蔬菜、番薯、花生來維持生活。每日凌晨三點多，晨曦未露即起身做早課，用完輕簡早齋，便是撿柴、耕作時光。

雖然寄望耕作自給自足，但買種子、施肥等農事成本，對師徒四人而言也是沉重的負擔，更何況播了種也不一定會有收穫，只好想方設法維持生活。

花蓮盛產大理岩，這是製造水泥的原料，臺灣水泥公司一九六二年在花蓮美崙設廠，當時年產九萬公噸的水泥，師父們就想到了糊水泥袋的手工，這是精舍師父第一項的手工，也在那時開始落實「化無用為有用」的精神。

工地使用完的水泥袋，師父們一個用

靜思精舍早年師徒自耕自食，德慈師父租牛耕作。（攝影／黃錦益）

靜思精舍早年師徒自耕自食，德慈師父與居士陳貞如到田裡巡視秧苗。（提供／慈濟基金會）

五毛錢買回來後，從袋沿將車縫線一拉，四層的水泥袋即輕易拆開。先將中間乾淨的兩層裁成四小張，用漿糊糊成四個小袋子，賣給雜貨店或飼料行包裝販售的商品；印有字的上層，以及沾到水泥的底層，反覆擦拭乾淨後，同樣糊成四角袋，賣給五金行裝鐵釘。

當時師父們在普明寺地藏菩薩像前面的涼亭，幾個人各司其職，拆拆剪剪，擦淨、摺疊、上漿糊。糊好的小袋子一斤可以賣四塊錢，跟農活比起來，總算有了穩定的收入。不過，上人擔心水泥煙塵會影響大家健康，糊了兩個月後就喊停。

縫嬰兒鞋　開展慈善

德慈師父分享，也許是苦日子過多了，腦筋也變得靈活，他想到陪上人回臺中豐原時，見過「阿嬤」（指上人俗家母親王沈月桂的乾媽張黃雀老太太）自己設計鞋樣、一針一線用手工縫製的嬰兒鞋，小巧可愛，令人愛不釋手。

於是，德慈師父就向張黃雀老太太觀摩學習，要了雙嬰兒鞋拿回來當樣本，依樣剪出版型，再到服裝店索取裁剩的布頭布尾，照樣版剪裁，成功縫製出嬰兒鞋。

一九九六年農曆年過後，師父們就開始了縫製嬰兒鞋這項手工。平慧永老太太及「財嬸」兩位老人家和上人法緣深，也天

靜思精舍常住二眾以養樂多廢棄空瓶製作「不掉淚的蠟燭」。（提供／慈濟基金會）

天來幫忙，幫助上人和年輕弟子們維持生計。

一雙嬰兒鞋在臺中豐原的行情是三塊半，花蓮本地商家有感於出家人不受供養、自力更生，每雙以四元的好價錢收購。這一針一線協力，老少同甘共苦，不但勉強維持了生活，待成立「佛教克難慈濟功德會」後，上人希望大家每人每天多做一雙嬰兒鞋來支持濟貧工作。

蠟燭精神　用盡良能

慈濟功德會創立初期，以自力更生的精神維持生活，所做過的手工除了水泥袋與嬰兒鞋，另外還有「不掉淚的蠟燭」。德劭師父說：「上人修行之初，看到傳統的蠟燭滴在桌上，不惜福又不乾淨，因此回收普明寺中點到剩下一小節的蠟燭，自製不掉淚蠟燭來供佛。」

蠟燭來自證嚴上人巧思，師父們回收蠟燭融成蠟油，將回收養樂多空瓶的腰身裁半當模具，而穩定燭心的圓鐵片則取材自屋頂浪板的小五金；將蠟油倒入養樂多瓶製成的模具，等蠟油冷卻凝固後，再剝去養樂多空瓶，包上透明紙外衣，不僅火光穩定、不冒青煙，蠟燭也可燃至點滴不剩。

一開始製作蠟燭是為了供佛，早期靜思精舍都以這種蠟燭作為結緣之用，後來因為很多會員看到這種不掉淚蠟燭，都表

製作蠟燭，是靜思精舍早期自力更生的二十一種手工之一。（攝影／黃錦益）

示很喜歡，頻頻詢問如何購買，精舍才開始大量生產。一九八二年引進半自動化機器，一次可以做六十個不掉淚的蠟燭，成為精舍當年主要的經濟來源之一。

傳承自唐朝百丈禪師「一日不做、一日不食」，自力耕生、簡約勤行的精神，證嚴上人不僅立下靜思精舍不受供養、克勤克儉的生活典範，更發下恢宏的志願，「不為自己求安樂，但願眾生得離苦」。

一九六六年號召三十位家庭主婦，成立「佛教克難慈濟功德會」，投入訪視濟貧志願服務工作，逐漸開展出利他利己的四大志業——慈善、醫療、教育、人文，帶動出數以百萬計的志工，亦是後來推動慈濟環保的最大動力來源。

「環保」在慈濟，不僅是現代化的觀念與知識，更是一種傳承自古老文化傳統，天、地、人之間的和諧共處之道，那是一種對簡約生活的追求——敬天愛地、惜福愛物，與大地共生息的生活態度，並且將它真真切切地落實在生活之中。

當今全世界因大量消費而導致地球暖化、氣候極端，百年難遇的強風、大火、洪水頻繁出現，人類遠離環保的生活態度，將自己推到歷史存亡的邊界，如何透過「物質環保」帶動人人「心靈環保」，已然成為深刻省思人類永續發展的關鍵課題。

從垃圾島到環保島

——羅世明

淡水河日落景

靜思精舍和慈濟志工，依循著證嚴上人簡樸生活的理念，將它融入在日常生活當中，成為一種生活態度。然而三十年前的臺灣，卻隨著經濟蓬勃發展，環境逐漸遭受破壞，路邊轉角、電線桿下一包包的垃圾堆疊，公害汙染嚴重，垃圾掩埋場設在河岸邊，颱風一來隨著大水沖到海裡，不知不覺中，臺灣已經成為外國媒體眼中的「垃圾島」。

落日餘暉，灑落在淡水河口的斑斕景象，輕馳而過的自行車，穿梭於綠色紅樹林間。如果時光倒流，回到三十多年前、一九八七年臺灣環保署成立那一年，景觀卻是截然不同的。

垃圾大戰與環保署成立

「那時候臺北市空氣很髒啊！白襯衫穿不到一天就黑了一圈，走出去外面，鼻孔都是黑的！淡水河裡死豬、死鴨一大堆，那時候臺灣只有百分之三的汙水下水道

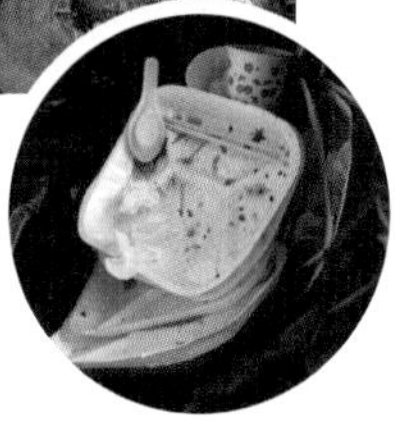

嚴重汙染的河川，以及隨地丟棄垃圾，是臺灣早年常見的景象。（攝影／上圖：顏霖沼，右圖：林炎煌）

普及率，你可以想像，什麼都往河裡丟，淡水河是臭的！」第一任環保署長簡又新提到當時臺灣環境惡化的情景，忍不住笑開了懷，因為過去種種考驗，在大家一棒接一棒的努力下，如今都已化成甜美的成果。

當時臺灣以垃圾掩埋為主，政府與民間都少有「垃圾分類」的概念，垃圾場不是設在山邊，就在河邊，更有不少地區是採取露天棄置，周遭環境惡臭撲鼻，蚊蠅滿天飛，每逢雨天，垃圾就統統被沖進河、海裡。鄰近居民無奈，只能自力救濟，阻止垃圾車傾倒，或是垃圾場土地到期後不再續租，於是垃圾無處去，開始爆發「垃圾大戰」，桃園中壢、新北新莊、高雄、南投草屯……幾乎從南到北都時有所聞。

未開發國家所能見到的情景，也曾是過去的臺灣環境。環保在當時是嶄新的名詞，更涉及許多專業領域。簡又新一上任，首要解決的就是人才問題，透過公務人員甄試管道，招募一批高學歷、有使命感的年輕人，包括六十多位碩博士的環保核心成員，並在一年內建立起三百多人的環保署團隊。這些人後來也成為政府部門推動環保的尖兵。三十多年來，陸續有人成為環保署正、副署長、各縣市環保局長及各單位高階首長。

第二件要事，就是修訂空氣、水、廢棄物等法令，特別是一九八八年修法通過「廢棄物清理法」，確立了全世界第一個

「生產者責任制」的法源，也就是生產業者必須承擔廢棄物回收之責任。

隔年，首先實施的項目就是寶特瓶回收，由相關業者組成民間的「回收管理基金會」負責，且提供補助給回收工廠或清運收集者，讓寶特瓶的回收「有利可圖」，讓生產者、消費者、清運收集者、回收工廠，形成一個可回收運作的經濟模式，這就是現今國際熱門的「循環經濟」概念，而其中所謂的「生產者延伸責任」（Extended Producer Responsibility，簡稱ＥＰＲ），臺灣早已立法在進行了。

回收機制建立起來，若沒有民眾配合回收，也難見成效。於是政府和回收廠商，共同辦理從荷蘭進口資源回收桶「外星寶寶」的命名活動，利用六十多萬名學生參與的過程，教育社會大眾資源回收的理念，但回收率仍然有限。

臺灣最早開始推動資源回收，從荷蘭引進的外星寶寶回收桶。
（攝影／顏霖沼）

慈濟草根環保回收開始

一九九○年八月二十三日，證嚴上人應吳尊賢文教公益基金會邀請，晚上於臺中新民商工演講。當天清早出門，途經一處夜市收攤的街道，只見滿地髒亂，車過風起，垃圾四處翻飛，讓上人於心不忍。當天晚上演講快結束時，臺下熱烈鼓掌，上人思及白日情景，有感而發，當下邀請大家一起「用鼓掌的雙手做環保」。

自此，臺灣街頭巷尾開始出現一群志願投入資源回收的「環保志工」，他們許多人清晨即起，日落還不休息，仍走動於夜市、商家之間，推廣環保理念並跟對方回收資源垃圾。幾年之間，慈濟環保志工迅速遍布全臺各地，深入都市、鄉間，成為臺灣持續推動環保生活的一股重要的力量。

與此同時，在一九九二年第二任環保署長趙少康實施押瓶費制度，以每支二元的價格向民眾回收寶特瓶，回收率才逐步上揚。

雖然寶特瓶押瓶費於二○○二年因故停止，但民眾回收寶特瓶的習慣和回收的經濟機制已建立起來，回收率並未因此下降。二○一八年，臺灣寶特瓶回收率高達九成五，成為臺灣所有回收物資中最亮眼的項目。根據環保署統計，二○一八年世界足球賽三十二個國家中，就有十六個國家隊球衣，是使用來自臺灣回收寶特瓶製成的環保紗所製成的。

環保志工吳金彭肩上扛著的，前面是三十二支寶特瓶，後面是等量回收寶特瓶紡紗製成的刷毛外套。（攝影／安培淯）

隨著寶特瓶回收率的提升，此套寶特瓶回收制度逐漸撐起臺灣資源回收的動能，由不同行業陸續組成，包括廢輪胎、電池、車輛、資訊物品、電子電器、燈管等多個民間回收基金會，不僅達到廢棄物回收的效果，更帶動臺灣循環經濟的龐大商機。二〇一八年，僅計算直接受補貼的回收機構、廠商，各材質營業收入（含產出物銷售收入及補貼費收入）即高達一六五億元。

民間團體與環保教育

政府各項法令政策的推動，配合環保教育宣導，影響學校師生、家長和社會大眾，逐漸形成臺灣社會資源回收的風氣和制度。對於這樣的結果，民間團體的參與推動也有頗多貢獻。

一九八五年柴松林、馬以工、張國龍等學者專家，感受到臺灣社會環境毒害問題的迫切性，決定成立「新環境雜誌社」，發行臺灣第一本環境期刊——《新環境》月刊。當時，張國龍教授的夫人徐慎恕女士默默幫著這群學者專家記錄會議、蒐集資料，看到這群專家學者一直談理念、投入環保運動，但她以作為一位女性、家庭主婦的角度來看，仍覺得與日常生活尚有距離，於是在臺大宿舍區號召其他家庭主婦，在自家客廳創立「主婦聯盟」，從身邊的環境做起，改善生活品質。一九八七年，主婦聯盟先寄於「新環境基金會」裡面發展，一九八九年才正式成立

大甲鎮瀾宮天上聖母繞境進香活動，慈濟志工發動掃街活動，並與臺中縣環保局等相關單位共同推動垃圾不落地等環保觀念。（攝影／洪賢義）

「主婦聯盟環境保護基金會」。

當時臺灣女性社會參與率仍然偏低，但現代化家電設備為家庭主婦節省許多家務時間，加上兒女較上一代少，國民教育普及和經濟發展也提供女性自覺獨立、期待自我成長的空間。

主婦聯盟創辦初期的這群媽媽，許多人住過國外，對生活品質要求意識較高，雖然是以媽媽、主婦的心，關注貼近生活的環保議題，但因先生皆為社會菁英，也讓她們對社會現象的觀察、專業知識的求取學習，以及政府政策的督促推動上，著力許多。

原本在律師事務所工作的陳曼麗，

參與主婦聯盟後，為自我學習，又前往美國完成公共行政和環境管理兩個碩士學位，歸國後再投入主婦聯盟貢獻，先後曾擔任過四屆秘書長和四屆董事長。

「一九八七、八八年的時候，大家都看到一個問題，就是臺灣的垃圾很多，大街小巷都有很多的垃圾包，有一包垃圾之後就會變成一堆在那邊。當時垃圾處理方式都是用掩埋的，所以主婦聯盟就會覺得，這些東西如果一直堆著，臺灣將會成為一座垃圾島，應該要做垃圾減量。可是要做垃圾減量的話，回收物要從骯髒的垃圾堆裡挑出來，大家不喜歡去碰觸它，但如果在家先做好分類的話，東西是乾淨的。所以學習了國外的做法，開始垃圾分類。」

推廣過程中，許多家庭主婦陸續加入擔任義工，一起推動，這群媽媽們不斷發現新的問題和專業知識的需求。除了經常邀請專家學者來上課，並以學生家長的身分到學校推廣垃圾分類。當時，陳曼麗看過一篇研究報告指出，臺灣的垃圾約有四成是可回收資源，三成五是廚餘，剩下不到三成才是一般垃圾。為求垃圾減量，主婦聯盟也推動廚餘回收，同時積極參與政府公害事件或環保相關的聽證會，督促政府革新，自己也從中不斷成長。

法令規畫、理念宣導和教育推廣，有助於臺灣環保問題的改善，特別是龐大的環保志工投入。就以慈濟為例，根據統計，迄於二〇一九年為止，經常性投入環保工作的慈濟志工有將近九萬人，非固定投入的志工更是數倍於此，分布於全臺約九千個環保站、點，甚至推廣至海外亞、歐、美、非、大洋等五大洲十九個國家地區，一萬多個環保站、點，成為日不落的環保行動。並且在大愛電視臺、慈濟網站、《慈濟》月刊上，日復一日，年復一年地向數百萬會員、大眾傳達環保訊息，推廣環保行動。

回收率高　全球典範

民間和政府共同努力，成果逐漸展現。

一九八九年來，各縣市陸續興建焚化爐及推動垃圾減量，解決垃圾無處掩埋的問題。一九九七年，環保署進一步提出「資源回收四合一計畫」，結合「社區民眾」、「政府清潔隊」、「回收廠商」、「回收基金會」，導入經濟誘因，提高回收效率。隔年，合併民間回收基金會，由環保署統一管理，生產者以繳納回收處理費用代替自行負責回收工作。

二〇〇五年，臺灣全面實施「垃圾強制分類」，將回收責任由業者轉移到民眾，制定罰則，強制民眾應將家戶廢棄物分類為「資源」、「廚餘」及「垃圾」三類；加上臺北市政府率先於一九九八年試辦「垃圾不落地」、「垃圾費隨袋徵收」，並於兩千年正式實施，以價制量達到鼓勵垃圾減量的效果十分顯著。

根據環保署資料顯示，二〇〇一至二〇

一八年執行成效，全臺資源垃圾回收率由百分之一二．六八提高至百分之五三．二六。

二〇一三年十一月《紐約時報》報導，臺灣是全球家戶資源回收率最高的國家地區之一；二〇一八年美國《華爾街日報》盛讚臺灣是「全球的垃圾處理天才」；二〇一九年全美最大博物館機構「史密森尼」，也在《史密森尼》雜誌網站上轉載明尼蘇達大學環境研究所期刊《Ensia》對臺灣垃圾回收的報導專文，讚許臺灣是全球回收計畫最有效率的區域之一。

終於，臺灣從三十年前的「垃圾島」，在全體努力下，名副其實地成為全世界資源垃圾回收率的「模範島」！

【資源回收分類十指口訣】

瓶瓶罐罐紙電 1 3 5 7

第一個瓶——保特瓶、塑膠瓶、亮面塑膠瓶、霧面塑膠瓶

第二個瓶——玻璃瓶、玻璃品，特別危險，更應該回收好

第一個罐——鋁罐

第二個罐——鐵罐

紙——紙類、紙容器

電——電池、日光燈管、有害回收物

1——衣物

3——3C 產品、家電、電腦、通訊

5——五金製品

7——其他、腳踏車、汽機車、雨傘

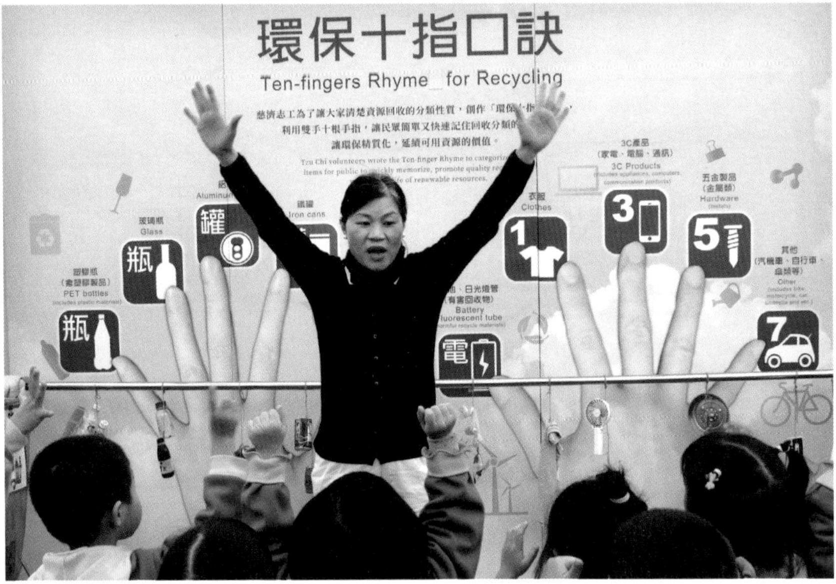

陳淑娥和豐原幼兒園小朋友互動環保十指口訣。（攝影／王秋緩）

黃雅慧以簡單的「環保十指口訣」，讓學生們可以牢牢記住，落實在生活當中。
（攝影／王翠雲）

一九九〇年八月二十三日，證嚴上人於新民商工演講，呼籲在場聽眾「用鼓掌的雙手做環保」。（提供／慈濟基金會）

用鼓掌的雙手做環保

——沈昱儀、吳瑞祥

家住彰化二水的陳玉美，只要得知證嚴上人在中部有演講行程，她逢場必到，那一天也不例外。出門只能倚賴大眾運輸工具的她，並不知道「新民商工」的確切位置，她坐火車到臺中，看到手上提著狀似慈濟包包的人，就問：「你是要去聽證嚴上人演講的嗎？」便隨著一同前往演講地點。

一九九○年八月二十三日，時逢農曆七月，這場由吳尊賢文教公益基金會舉辦的「吳尊賢社會公益講座」，原本是以「七月原是吉祥月」為主題，呼籲社會大眾莫為中元普度而殺生造業，而應發心立願救眾生，以一善破千災。然而在演講當天早上，上人乘車行經臺中街頭時，眼見一處夜市地上，盡是前一晚收攤後所遺留的成堆垃圾，心有所感，遂在演講中提及：「人說臺灣是寶島，而我說臺灣是淨土，有青山、有綠水，如果大家有心一起來整頓，會更美……」

語畢，現場聽眾響起熱烈掌聲，上人略

彰化員林鎮員東國小師生前往慈濟員林環保站參訪，汲取資源回收、愛護地球觀念，並體驗動手做環保。
（攝影／林榮助）

環保志工施淑吟發願要在彰化縣二十六個大小鄉鎮成立慈濟環保站，目前已完成二十四個。她利用家門前的一坪大小的空地，帶動鄰居投入資源回收。（攝影／黃筱哲）

停片刻後繼續說：「希望大家以鼓掌的雙手做環保，回去將垃圾分類，資源回收是我所期待的……」這句「以鼓掌的雙手做環保」的呼籲，讓在現場聆聽的慈濟志工與會員們開始在社區進行資源回收，成為環保志工的濫觴。聽完上人演講後，許多慈濟志工回家後，心中便默默發願：「我一定要開始做環保。」

落實環保　從自家做起

一千多位聽眾當中，有一群從彰化縣員林鎮來到臺中聽演講的慈濟委員及會員，被那句話——用鼓掌的雙手做環保——深深刻印在心盤裡。其中號稱「員林五婦」的施淑吟、林栩慧、黃秀娥、賴孟麗、江雲榕，雖然只有施淑吟、林栩慧參與那場社會公益講座，經由輾轉分享，其他三人也都認同上人的環保呼籲。於是，在這五位太太的帶動下，開始了彰化員林的環保回收工作。

「一開始很困難，也不知道怎麼教人家做分類；那個年代人們只知道『歹銅舊錫』。」施淑吟說，能想到的就是從慈濟委員及自己的會員開始做起，大家聚集在江雲榕住家門口埋頭做分類，當時收到的垃圾比回收物還多；而且回收數量不多，得累積到固定的回收量再送出去賣，但是一整臺車的回收物才賣八十元，來回油錢就要花一百元。她心裡想：「這不就是倒

新北市土城區環保資源回收。（攝影／蕭靜雯）

彰化員林環保站，環保志工圍著芭樂套袋，用心地把芭樂套袋裡殘存的雜物清理出來以利回收。（攝影／黃緯建）

貼，已經虧本二十元了嗎？」但是那一份愛環境的決心，還是督促著大家要繼續做下去。

早期環保觀念還不普及，一群人傻呼呼地在自家門口做分類，不僅要忍受他人異樣的眼光，還要被鄰人指責不衛生、占空間，志工們東挪西移，不在乎環境如何，只要能做分類，任何地方都是最自在的地方。那時候沒人、沒車，為了要做環保，施淑吟還去學開貨車，每天從早上八點多出門，一直到晚上才回到家，身體疲累時，就去醫院打點滴，隔天又再做回收。

隨著參與人數逐漸增多，環保回收量也大幅成長，眼看空間已不敷使用，江銘桂和江林芳夫妻倆，毅然把新家內四百多坪的空地無償提供作為環保站，讓回收物可以堆放，志工也能在這裡做資源分類，同時也成為員林的環保教育基地。當時有很多慈濟委員、慈誠隊員的家裡也都設有環保點，但還是不懂分類，所有回收物幾乎都是載到員林環保站做後續處理，回收物總是堆積如山。

後來，施淑吟聽到證嚴上人的一句說：「做環保要走入社區，車子跟人都在社區裡面。」她恍然大悟，於是鼓勵志工在自家周圍設立環保點，從點而線而面地挨家挨戶宣導，教育大家回收分類；同時借了四十幾輛貨車，依照所規畫的路線沿街載運。

其實，上人在新民商工演講之後，接連又在各地持續演講鼓勵大眾「用鼓掌的雙手做環保」，不僅彰化員林這一群志工，全臺灣北、中、南各地陸續有人聽完演講後，就開始投入資源回收，往後再透過廣播節目「慈濟世界」以及《慈濟》月刊、《慈濟道侶》、大愛電視臺的傳播，環保回收的意義更加廣為人知，慈濟環保志工也逐漸在全臺各地發展起來。這群志工不畏垃圾髒臭，也不畏社會投以撿拾垃圾為「艱苦人」的異樣眼光，透過身體力行為臺灣環境保護的進步，立下最草根的註腳。

一九九一年慈濟舉辦「預約人間淨土」系列活動，於母親節時辦理「歡樂人生，親子連心」大型園遊會。（攝影／黃錦益）

忍痛教育　清淨在源頭

慈濟環保不僅強調資源回收，也依不同的時空背景與環境問題，提出可供社會大眾依循的具體作法。臺灣經濟騰飛時期「臺灣錢淹腳目」，社會瀰漫著投機取利的風氣，慈濟基金會與金車文教基金會遂於一九九一至一九九二年間合辦「預約人間淨土」系列活動，先後推展人心淨化與環保綠化。第一年所展現的成果，就被當時《遠見》雜誌評為一九九一年臺灣最大的群眾運動，並獲得第一屆中華民國社會運動和風獎的肯定。

一九八一年左右，臺灣政府為了預防B型肝炎的傳染，一度宣導人民使用免洗餐具，雖然事實證明此舉無助於B型肝炎防治，但國人已養成使用免洗餐具的習慣；據環保署一九九〇年依外食人口比例估算，全臺灣每天使用約二百八十萬雙免洗筷，一年超過十億雙之多，保麗龍免洗餐具的用量更是無以數計，又難以回收，成為當時臺灣環境的一大浩劫。為了愛惜大地資源也兼顧個人衛生，慈濟於一九九四年推動使用環保餐具，由慈濟志工以身作則，自帶生活三寶「碗、筷、杯」出門，在全民使用免洗筷浪潮中，逆流而行。

此外，證嚴上人幾次與環保志工座談時，經常聽到志工們談及許多民眾連基本的分類也不會做，整理回收時總是看到許多沒有吃完的便當、飛滿蚊蠅的飲料瓶、含有化學藥劑的桶罐等。

不忍環保志工處在惡臭的環境中做回收，也擔心他們的健康，在慈濟推動環保屆滿二十年之際，證嚴上人提出「忍痛教育」——志工要帶動環保，就要施行教育，如果民眾總是不做分類就把垃圾整袋交給志工，志工也沒有反映而持續向他們收回來分類，這已經不是包容而是縱容，沒有為民眾做到環保教育，民眾也不尊重辛苦分類的環保志工，如此會使環保站衛生不佳，孳生蚊蠅。

證嚴上人認為這不是在解決環保問題，而是把環保問題轉移、累積到另一個地方。要真正解決問題，就要讓家家戶戶了解「環保精質化，清淨在源頭」的環保理念，懂得節約惜福，能夠在家做好初步的垃圾分類。人人應從家庭開始，盡量在家準備三餐，省去在外購買耗用的包裝或容器；自己帶開水，減少購買飲料。回收的空瓶罐要保持乾淨，才不會招來螞蟻、蚊蟲、蟑螂等，這樣也無須再以清水洗滌，減少水資源的耗費，精簡環保產品製作手續，以達到「清淨在源頭」的目標。

挺腰說環保　回收再精質

上人期許環保志工不只「彎腰做環保」，還要「挺腰說環保」，鼓勵大眾減少消費，並參與資源回收工作。二〇一一年，慈濟基金會開辦「環境教育師資培育研習」，整合全臺志工經驗製作教案，並邀請專業講師為環保志工授課，傳達慈濟的環保人文。

慈濟志工林秀綢投入環保工作十五年，在家回收寶特瓶時，一定先用回收的水沖淨，晾乾後把瓶環、瓶蓋拿掉並捏扁，如此家中回收物即使放一個月也都不會有味道。她也把這樣的觀念帶到居住的大樓中，因此大樓裡的回收點，二十項分類仔細又乾淨，光塑膠類就分成硬塑膠、軟塑膠、乾淨塑膠袋等。家家戶戶在源頭保持回收物乾淨，環保站的志工就不用忍著臭味把資源從垃圾堆裡分出來，也減少耗水清洗；志工更能落實「精質化」的回收，讓分類的品質更精細，也有助於提升後端的回收再利用效益。

臺灣擺脫了垃圾大戰與貪婪之島的惡名，多年來成為國際間學習資源回收經驗的典範，慈濟環保成就也是其中之一。慈濟環保足跡扎根臺灣三十年，期間也隨著慈善、醫療、教育、人文四大志業向外拓展，截至二〇一九年底，慈濟環保志工分布在十九個國家地區，並設置五百三十二個環保站、一萬零十二處社區環保點，以行動持續守護地球。二〇〇五年聯合國「世界環境日」大會，慈濟是唯一受邀上臺發表演講的團體；二〇〇七年更獲頒美國國家環境保護局「環保成就獎」。

二○○五年，聯合國舉辦為期五天的「世界環境日」大會，慈濟美國總會應邀於開幕典禮中致辭，以及在「綠都市展覽會」中設攤，宣導環保理念。（提供／慈濟美國總會）

垃圾是錯置的資源

——沈昱儀

資源回收系統透過經濟誘因為動力，促使垃圾回收再利用，而商業系統的運作與穩定，取決於參與者是否有利可圖，如果無利可圖，這些資源將乏人問津，也只能走上成為垃圾一途，所以才有「垃圾只是錯置的資源」一說。

在臺灣，社區民眾會將回收資源交予小型回收商、個體回收戶或慈濟環保站，大多數則是將回收物連同垃圾一起交給清潔隊處理。許多縣市統包交予回收商競標售出，得標廠商會請人進一步分類，再賣到造紙、塑膠、金屬等處理廠。

其中，資源回收價格是隨著國際石油價格、美元高低及原物料需求而波動，於是某些資源就會因為價格低廉而出現乏人問津的狀況。但以環保為目的的慈濟志工卻不會隨之起舞，數十年如一日，不論價高價低，總是基於珍惜資源的目的，默默地努力，即使一時沒有回收商願意收購，就先找地方存放等待價格回穩再出清，甚至賠錢回收也不願意停止。

二〇〇八年國際油價暴跌，九月爆發全球金融危機時，臺灣的回收系統面臨停擺。十月二十三日《自由時報》新聞〈回收價崩跌，廢鐵鋁罐一公斤剩一元〉報導，廢紙剩零點八元、廢鐵零點五元，回收商出現倒閉，回收民眾減少約八成。

當時慈濟推展環保志業已十八年，志工於十一月一日在靜思精舍向證嚴上人報告回收困境，資源變賣所得，尚不及油資……

上人以堅定語氣回應：「師父呼籲大家做環保，是希望提倡愛惜資源，儘管目前回收價格差，我們絕對不是為收價高低而做，而是為了保護地球，這是地球的命脈啊！現在因價錢便宜使其他人放棄，說不定，我們能再創資源回收的『第二春』。」

為了環境，只要還有廠商願意收，志工即使賠本也不願停止。基於回收市場的不穩定性，回收處理業者也開始重視回收物的潔淨和分類的精純度，以降低雇工進行再次分類的人力成本。因此，當許多未妥善分類的回收物被拒於門外，淪為垃圾時，志工基於珍惜物命的信念，以精細分類提高業者收購意願，避免資源被送至焚化爐或掩埋場。

兩年後（二〇一〇年），上人於慈濟環保志業屆滿二十年之際，進一步向志工提出「環保精質化，清淨在源頭」的理念，期許志工帶動社會大眾減少物欲消費，落實回收物的清潔與精確分類，提升資源再利用的價值。

「袋」價非輕

在所有回收物中，最容易被回收商拒絕的，非「薄塑膠」莫屬。其中，人們逛街購物時的好夥伴——塑膠袋，攤商免費奉送，消費者樂於接受，即便施行限塑政策，在部分商店須多支付一至三元不等換購，人們也欣然承受這微薄的負擔，用過就丟，不覺得可惜。

塑膠袋埋在土裡不會腐爛，漂在水溝會造成堵塞，不當焚燒會產生毒氣。根據環保署統計，二〇一八年全臺共使用一百五十二億個購物用塑膠袋、五十六億八千萬支寶特瓶，寶特瓶回收率約百分之九十五，但購物袋回收率不到一成。該年五月十九日《聯合新聞網》〈資源回收物「沒人要」全進了焚化爐〉報導：

> 有回收業者表示，……寶特瓶也一路掉到每公斤四元，薄塑膠、保麗龍和裝過食物的紙容器，回收場根本不收。
>
> 彰化縣環保局科長葉鐙嘉坦言，塑膠製品中，「薄塑膠」最沒有人要，尤其國際原油價格降低，廠商覺得直接用新的材料會比用回收材料來得划算……

在一般大眾眼中的塑膠袋，大抵分顏色、大小，但回收業者著重的是成分，是ＰＶＣ、PP、PE等單一原料或複合原料製成，如果混雜收購，他們將負擔更多整理成本，才能再製出品質較佳的次料，因此

塑膠抽粒廠內，大量回收塑膠袋，依照顏色分類、加工成為「塑膠原料粒」，交由不同製造廠商再製成新的塑膠產品。回收再製的塑膠袋其不透水、輕便又能重複使用的特性並不受影響。（攝影／蕭耀華）

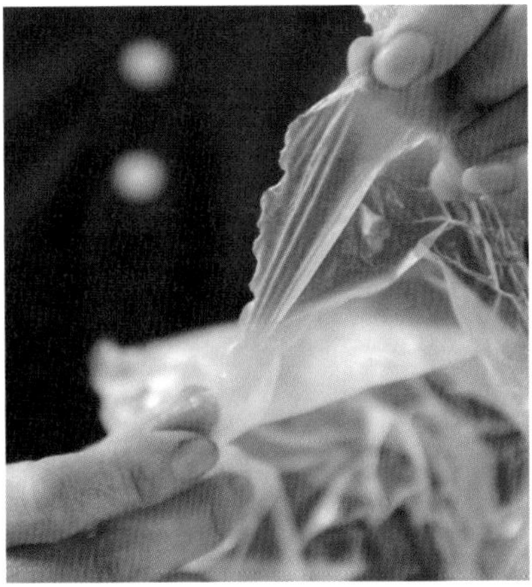

塑膠袋材質大不同。PP 材質，撕裂後的破口較為平整；PE 材質撕裂後，會出現鋸齒狀，上圖為 PE 材質。（攝影／顏霖沼）

往往選擇拒收。

從慈濟環保志工的處理流程來看，回收後須分類、清洗、晾乾，若袋身是混色，印有字樣或是留有殘膠、標籤，還須剪裁分類，才能獲得業者青睞。以能承受一臺斤重的塑膠袋為例，一個重約五公克，要二百個才有一公斤，按《聯合新聞網》的時價採訪計算，「加工」一千個只能賣得五十元。

用心就是專業

位於新北市新莊區的中港慈濟環保站，三樓空間晾著滿滿的塑膠袋，它們都是從果菜市場運來的芭樂套袋。由於回收塑膠袋需要先加熱熔化才能再製，倘若有水分殘留，熔化過程會產生爆裂危險，所以須晾乾，才能送給回收業者做資源回收的「眉眉角角」不少，志工還曾請廠商來上課，傳授如何詳細分類。比如說，故障的電視遙控器，整支回收沒人要，但只要將外殼塑膠與內部晶片、銅線等組成拆解，就能找到接受的廠商。

志工杜許錦珠是環保站的常客，總是坐在角落整理塑膠廢棄物。年長的她非專業人員，卻能藉由塑膠殼砸在地上發出的聲音，判斷塑膠種類。遇到硬膠殼上黏有標籤紙，她便用雕刻刀一張張刮下，動作快速，像是多年的老師傅，她說：「要將所

清洗、晾乾，待回收的各類塑膠袋。（攝影／黃世澤）

盛夏，一個個清洗過的塑膠袋，在火龍果棚下迎風飄曳。（攝影／李昭田）

有的雜物都分開，之後廠商處理起來才方便。」

環保站裡許多像她這樣上了年紀的老人家，依靠多年來做回收的經驗，根據觸摸的感覺、聲音，來決定要將手上的塑膠雜物分到PS、PC、壓克力的哪一類。

負責記錄環保站回收物分類、價格及廠商的志工江美秀，手中表單的分類包括紙類、五金、塑膠、燈泡、電池等，項目超過一百四十個。像這樣細緻地分類，也是環保站志工們的工作；將廢棄沒用的物品化為有用的回收物，靠的就是他們耐心的功夫。

有趣的是，並不是每種回收物都要分得仔仔細細，例如寶特瓶，瓶身、

帶隊的羅啟峰老師（右）特地向環保志工朱王淑寬（左）請教如何分類塑塑膠袋。（攝影／廖嘉南）

七、八位環保志工蹲坐在矮凳上整理塑膠袋，大家邊回收邊話家常。（攝影／黃淑真）

新北市新泰區中港環保站，整理塑膠袋是一件費工的事，但志工們樂在其中。（攝影／戴龍泉）

瓶蓋、瓶身標籤紙都是不同材質，但分類時只要將瓶蓋分開，瓶身上的標籤則不拆。

「因為這些容器類是有回收基金補貼的，需要靠包裝紙來確認。」江美秀表示，這些容器類的製造商在生產時，都有繳交回收處理費，作為回收處理基金，所以包裝上的標誌就格外重要。

不可承受之重

與廢塑膠同列黑名單的還有廢玻璃瓶，由於不同顏色的用途、需求、市價皆不同，玻璃廠會要求回收商必須先分成三種不同顏色：透明、綠色、褐色。但這畢竟

內湖聯絡處環保站設立一個塑膠袋分類的看版，讓環保志工清楚分辨塑膠袋的種類。
（攝影／江柏宏）

是吃力不討好的工作，且有許多玻璃瓶在棄置過程會破掉，提高分類的難度與危險。

難行能行，在慈濟環保志工眼中，資源的本質未曾更易。位於臺南市中西區民權路鬧區巷內的頂美慈濟環保站，附近有著名的服飾批發商圈，周邊主要道路也是夜貓子的天堂，熱炒店、啤酒屋、夜店……巷弄內還有不少傳統菜市場，於是塑膠袋、玻璃酒瓶、芭樂包裝袋，成為最大宗的回收物。

志工每個月回收的塑膠袋約有五噸重，玻璃瓶則是高達五十噸，相當於每天回收瓶罐一千七百公斤。這些最難處理的資源，是他們花費心思從深夜、凌晨到白天，深入巷弄一點一滴回收而來。

剛開始收玻璃瓶的時候，曾有志工向環保幹事蘇玉雲反映玻璃瓶太重，能否不收？因為滿載玻璃瓶的環保車，在前往資源回收商的途中，車速加上風速，駕駛的志工總是提心吊膽；但為了環保，不收又不行，該怎麼辦才好？蘇玉雲向其他環保站負責人請益，得知累積一定數量，即可請回收商來收取。

蘇玉雲要來十幾個可以承重七千到九千公斤的大型太空包，打算裝滿十二包即聯繫廠商派大型機械車來載運；那段時間大家認真收集玻璃瓶，卻也花費了三個月才湊足數量。

不惜腳手的付出

有次蘇玉雲騎車經過海安路，發現一家燒烤店門口竟然有六、七簍玻璃酒瓶，她像看到寶似地，開始沿路尋寶；取得店家同意後，趕忙請志工開車來載回環保站。

蔡串輝和吳國城首先響應載玻璃瓶，他們進一步詢問後得知，這些酒店、燒烤店、KTV和海產店在夜間營業後，必須在清晨六點垃圾車未到之前清運酒瓶，否則會被開罰單；於是兩人規畫好動線，從凌晨四點起，分別到各個接洽好的店家收玻璃瓶。

回收量自此大幅成長，環保站裡玻璃瓶清脆碰撞聲不時響起，不只減輕地球的負

▲慈濟志工愛護地球不計付出，在臺南中西區頂美環保站志工們，每天清晨四、五點，開環保車，沿路從夜店回收的玻璃瓶，每個月回收量約五十公噸。（攝影／許翠卿）

▶志工蘇玉雲整理玻璃瓶，手指磨破都不放棄。（攝影／吳珮婕）

擔，更譜出環保志工們溫馨動人的生命樂章。

環保志工黃錫麟是被兒子帶進環保站的。當他看到身高不到一百五十公分的蘇玉雲使勁拖運著酒瓶，他想：「天啊！她怎麼能做到？另一位志工吳國城年紀又那麼大，酒瓶那麼重……」他決定一起為保護地球盡心力，戒除抽菸、喝酒、通宵賭博的惡習，每晚十一點就寢，四點起床回收酒瓶。

蘇玉雲以環保站為家，全年無休地付出，是串聯站內所有志工的核心力量。她曾因回收工作而遭遇兩次車禍，她的手指因長時間處理玻璃瓶，皮膚從變薄到磨破，層層裂開，指甲縫終年都是黑色，每晚休息時，才感覺到陣陣刺痛。

先生不捨蘇玉雲抱傷做環保，她卻做得心輕安自在。「承擔環保站的定點負責人，要學的事可多著呢！我沒有足夠的德行，唯有做給人家看。」她總是默默這樣告訴自己。

回收不是萬靈丹

大環境的起伏影響著處理廠、回收商的回收項目與利潤，但不論市場如何變化，慈濟環保志工們依舊日日回收、仔細分類，讓資源重新再製利用，而不是被當作垃圾一樣焚燒掩埋。

然而，不論人類如何致力於資源回收，

都只是治標不治本，天然資源一經開採轉製成商品後，就無法還原到最初狀態，就如同紙張無法還原成大樹，塑膠製品不能還原成石油；幾經循環再製，最終下場仍是送進焚化爐。

根據慈濟基金會統計，二〇一九年有八萬九千五百八十五位受證環保志工，在全臺各個深街陋巷裡為了環境而努力付出，中港、頂美慈濟環保站的志工只是這群志工的縮影，他們不捨人類商機變成地球「傷機」，不計經濟效益，盡形壽，獻身命，就是要告訴大眾，無論是哪種材質、用品，減低使用量才是正解，珍惜物命的態度才是源頭。

志工曲素岷雖雙眼失明，但不影響她做環保，她可靠著觸覺分辨出外觀相似但是不同種類的玻璃瓶，也能整齊摺疊報紙。（攝影／顏霖沼）

藍色星球　水是大生命

——黃湘卉

地球，是一個擁有廣闊水域的藍色星球，百分之七十的面積被水覆蓋；因為有水，地球是目前所知，宇宙間唯一擁有生命的星球，無以數計的生命在地球上得以生存。就如人體就有百分之七十五是由水組成，少了水，生命將無以為繼。因此，證嚴上人說，水是大生命，水是地球上萬物生命依存的來源。

水立方的警示

地球的水看似很多，但人們真的擁有取之不盡、用之不竭的水資源嗎？答案是否定的！因為地球上百分之九十七點五是鹹水，剩下的百分之二點五才是人類能利用的淡水；在這比例極少的淡水中，更只有百分之零點三的地表水和百分之二十九點七的地下水能為人所用，其他百分之七十都被冰封在冰帽和極地裡。

任職於慈濟基金會宗教處負責環境教育的陳哲霖，基於上述的惜水理念，思考如何將複雜的環境數據，以孩子能理解的方式展現，讓眾人體會水資源的稀有和珍貴，以及面臨匱乏的危機；於是他回收清

水立方的原創者陳哲霖分享他的設計目的，同時推廣惜水的理念。（攝影／許金福）

澈、透明的寶特瓶，創作出一座吸睛、富有教育意義的藝術品——「水立方」。

「水立方」是由五個立方體組合而成，總共使用一千支寶特瓶，主體大立方有九百支，上面還有三個小立方合起來七十五支，總共九百七十五支代表著鹹水；大立方下面的小立方有二十五支，代表著淡水，其中十七支在南北極，七支在地底下，於是人類可以用的地表淡水，其實只剩一支的量而已。

而這一支寶特瓶代表的，就是地球上人類與眾多生物共同所需千分之一的水，如果我們不愛惜它，還汙染它、浪費它，恐怕將如預言所說的，地球上最後的一滴水，將會是人類的眼淚。

陳哲霖於二〇一五年七月設計的水立方，首次在中國大陸四川什邡大愛感恩園區的環保人文教育館展示，第二座設展於臺灣新北市新店慈濟園區，二〇一七年臺灣雲林燈會，四米高的「水立方」更成為燈會裡醒目的亮點，向觀賞民眾反映出水資源匱乏的警訊。如今全球各慈濟據點共有超過五十六座水立方長期展示，並有志工配合宣導，隨時推廣感恩惜水的理念。

雨水回收　惜水節能

「水立方」宣導惜水理念，但具體實踐上還是要靠方法和個人的決心。南投慈濟志工林金國，以開挖土機、砂石車為業，

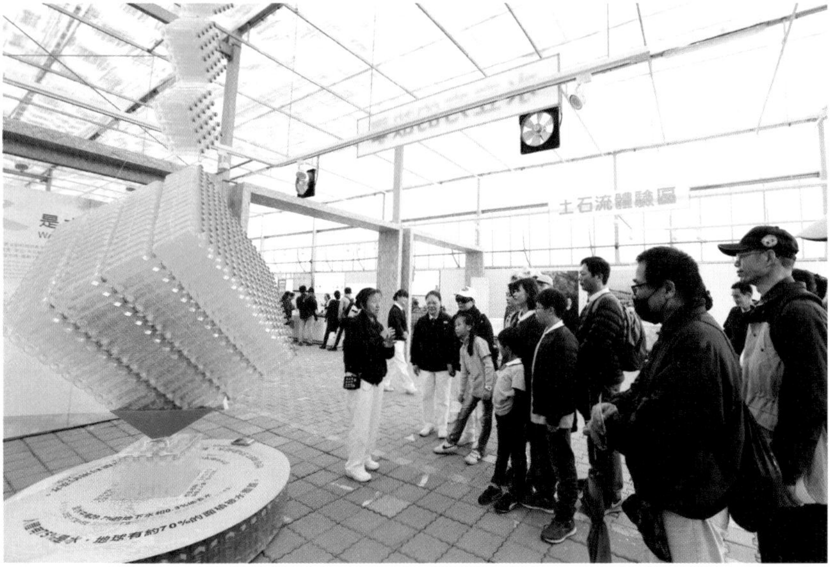

臺中世界花卉博覽會，大愛環保科技館陳列的水立方展示。（攝影／王翠雲）

平日均需大量的水來清洗砂石車。林金國不捨水資源大量耗費，憶起小時候看過祖父母接雨水來用，他靈機一動，回收舊的水塔或者是有破洞的塑膠水塔，修補後裝置在屋頂上，用水管接進儲備雨水，這樣一來，可以儲備充足的水量，有足夠的水洗砂石車，同時也不怕缺水。

二〇一一年，為了南投縣草屯鎮慈濟南埔環保教育站的新建工程，林金國忙裡忙外，還自己設計雨水回收系統，省水又省電，他說：「雨水是上天賜予的甘霖，我們回收九個水塔，裝置在高處，用來回收屋頂的雨水，總共可以容納九十五公噸的水量，用來沖廁所、澆花、洗回收的寶特瓶，還可以洗手套；高處下衝的水壓非常

臺中市北屯區社區親子成長班參訪南埔環保站，小朋友們認識環保站雨水回收系統。
（攝影／劉金龍）

慈濟志工林金國向參訪人員介紹：洗手臺是回收的縫紉機骨架及不鏽鋼盆子結合，用腳踏方式出水洗手，又是一項回收創意。
（攝影／周士龍）

大，完全不需使用馬達抽水，省水省電，可提供環保站四到五個月使用。」南埔環保教育站每兩個月的水費三百多元，可以說是真正做到節能減碳的目的。

慈濟臺中烏日九德環保教育站、大里二環保教育站、北屯平安環保教育站等，都在林金國的宣導協助下，設置雨水回收系統。花蓮靜思精舍德定師父在大愛電視新聞報導中，看到南埔環保教育站雨水回收的影片，馬上找來林金國，請他幫忙在精舍靜思菜園的一隅，裝置了兩個可容納五公噸的水塔；水塔上還寫著「天賜甘霖，感恩惜福」、「天賜水資源，子孫福綿延」的吉祥話。

在這兩個水塔的下面，再挖一個可容納六公噸水的地窖；地窖上建築一個手動的加壓泵浦抽水，就不需抽水馬達發電，而且泵浦出水口下方擺著一個石臼盛水，復古的造型引人懷念舊時記趣。精舍平日有很多人來參訪，這個饒富教育意義的惜水設施，總能啟發大眾對簡樸生活意義的省思。

一水多用　自身做起

七十二歲的蕭松雄和太太吳雪子住在臺南，一家五口共同生活，兩個月的水費只有一百多塊，如何能做到？下雨天，他們撐傘在院子裡收集雨水，將屋頂上流下來的雨水分裝在一個個的水桶裡，為了讓每個水桶都能確實汲滿水，蕭松雄總是冒著雨、頂著傘奔波接水，只為了珍惜老天爺賞賜的點滴水露。

「澆水、洗地板、洗手都可以，雨水如果剛裝好，洗衣服也可以。」蕭松雄不浪費任何水資源，廁所裡大大小小的水桶，連洗米、洗菜的水也點滴不放過。吳雪子也說：「我們很愛惜水，所以收集水，洗米、洗菜的水，我們都拿出來澆樹。」珍惜萬物，儉約務實，夫妻倆從自身做起，是他們愛大地的方式。

帶有三名幼兒的家庭保母俞柏清、王貴南，夫妻倆於二〇〇六年參加慈濟委員培訓時，聽到證嚴上人一天只用一臉盆水，希望大家要一起省水，讓他們很驚訝，回家後開始改變自己。有一段時間沒下雨，到處都在缺水，俞柏清洗碗後把水留下來，王貴南還笑他是什麼年代的人，因為記憶中，那是在媽媽的年代（一九七〇年）才說洗碗水要留下來，不過，既然俞柏清都這麼做了，自己也跟著起而效行。

王貴南開始收集鄰居不要的油漆桶，也到環保站拿回收的塑膠桶來回收水。她先用臉盆接水，第一次洗水果，第二次洗蔬菜，第三次可以拿來洗抹布，第四次就直接用來澆花；小嬰兒身上只有乳奶味，洗完澡的水還很乾淨，她會把嬰兒的洗澡水留下來洗衣服，洗衣服的水再留下來拖地板。她發現，原來在家也可以這樣省水。

當她看到水費通知單，兩個月只花了兩百

下雨天，邱金秀將垃圾袋充當雨衣，頭戴斗笠，蹲坐在門口，接雨水清洗回收物。（攝影／黃筱哲）

多元時，她很開心，也很有成就感，便一直持續地做下去，時間一久，也就成為習慣了。

不僅自身實踐惜水生活，王貴南也教導居家照顧的幼兒洗手要省水，沒想到一位年僅三歲的小朋友準備要上幼兒園，媽媽帶他去參觀時，看到一位家長把水龍頭開得很大，他就拉著媽媽的手說：「她沒有省水。」媽媽安慰小朋友說：「我們自己先做好，別人看到了，就會學習的。」

在這一群惜水如金的志工帶動下，由自己做起，再慢慢影響身邊的朋友、鄰居，養成惜水如金、惜水如命的好習慣，讓世世代代都能擁有地球上美麗的好山、好水。

彰化慈濟志工游雪芳二○○五年開始響應節約用水，讓家中的水費減少一半，省水的方式之一就是把洗菜後較乾淨的水沉澱一天，再拿上層清淨的水來洗菜，重複利用過的水拿來沖馬桶、澆花，充分利用水資源。（攝影／賴進源）

看見現代「拾穗」者

——羅世明、吳明勳

十九世紀法國畫家米勒以自然寫實的方式，刻畫出一群婦女傍晚在收割後的麥田中，撿拾遺落麥穗的畫面，這幅《拾穗》圖，呈現出當時平民簡樸自然的生活，成為舉世皆知的名畫。這樣的場景，如果換到現代慈濟環保志工的身上，亦有異曲同工之妙。這一群環保志工的生活簡樸、樂觀，每日不怕髒臭，彎下身來

歐素卿在海邊撿拾垃圾，
並回收寶特瓶等資源。
（攝影／安培淂）

做資源回收，只為愛護地球、保護環境，可說是現代的「拾穗」者。

放下身段做回收

一九九〇年，證嚴上人在「幸福人生」系列講座中，全臺巡迴宣導環保回收，其中一場在板橋體育館舉行，陳阿桃當時坐在臺下聽講，聽到「垃圾可以變黃金，黃金可以變愛心。」心想上人怎麼那麼有智慧，「垃圾可以當黃金，賣一賣還可以捐作基金，救濟苦難人。」她聽了非常感動，演講結束馬上化為行動，晚上就跑到垃圾堆找可以回收的資源。

家中開美容院的陳阿桃，每天早上八點開始幫客人做頭髮，晚上九點結束後就改變裝束，到街上做資源回收，一直到十二點多才休息。三十年前的臺北市，資源回收根本就是在垃圾堆中找東西，大家都把垃圾丟棄在路邊，用過的衛生紙、果皮、菜渣、喝過的鮮奶瓶、廢棄的家具……全部混在一起，從早上放到晚上，垃圾車才會來收，期間經過陽光曝曬、高溫悶蒸，往往臭氣薰天，但陳阿桃並不以為意：「因為我看到黃金，所以沒有聞到臭味。」

雖然自己做回收很自在，但遇到認識的人還是會閃躲，鄰居私下耳語流傳著，以為陳阿桃遇到經濟困難成為拾荒者，使得她在做回收時，總是低著頭怕被認出，結果對方也特別低下頭來探看是不是陳阿

陳阿桃的環保點就設在自家美容院門旁。配合上班族作息，還特設「夜間環保」。
（攝影／黃世澤）

陳阿桃與社區大眾分享環保理念。（攝影／張文燈）

桃？認出了，她也只能微笑以對，無法多作解釋。當時曾有人關心她：「太太，我拿衣服給妳。」、「太太，妳家住在哪裡？我拿米給妳。」、「太太，明天中秋節，妳有沒有錢買月餅給孩子吃？」也有人拿一千元要救濟她，讓陳阿桃感受到臺灣民間滿溢的愛心。

陳阿桃沒有讀過太多書，但多年來關心環保、投入資源回收，如今「全球暖化」、「氣候變遷」……各種現代環保名詞都能琅琅上口，全然不陌生，到處演講向人宣說環保的重要性，強調關愛地球要由您我做起，大地要健康，眾生才會平安。

因為「生活若簡樸，人生就幸福。」這是陳阿桃多年來投入環保志工的體悟。女

陳阿桃分享環保經驗及《清淨在源頭》一書。（攝影／鄭瑞雨）

兒結婚時，她身上穿的禮服是在環保站買的，一套五十元，戴的珍珠項鍊也是回收的，而且還是塑膠製品。她笑說：「世間的東西本來就是真真假假、假假真真，你不說又有誰會知道？」陳阿桃送給女兒一車的嫁妝，有桌椅、碗盤、電鍋、菜刀……也都是回收的，不會製造垃圾。「知足第一富，健康第一貴。」她認為只要健康知足，自己也是富貴人家。

無用為大用　環保過一生

清晨四點，大地尚在沉睡中，姚陳甭已穿戴好，套上反光背心，推著手推車走出家門，往花蓮火車站附近的街道走去，撿拾店家或住戶堆在屋外留給她的回收物；不分寒流來襲或下雨，姚陳甭堅持每天四點就開始一天的環保工作，直到晚上整理完所有的環保回收物品才願意真正休息。

姚陳甭生於嘉義，長輩在她出生報戶口時，告訴戶政人員：「生這查某囡仔（女生）不要，『沒路用（臺語，不用）』啦！」戶政人員遂為她登錄名字為「甭」。從此家人都叫她「不要」。

既然是「甭」被生下來的，家人也不重視姚陳甭的教育，上學時，祖父拿家中的藥包袋給姚陳甭當書包用，被同學訕笑，讓姚陳甭不想上學，一、兩個月後就乾脆待在家中幫忙。七歲背著弟弟生火煮飯，十二歲跟著大人去種田，二十一歲嫁給長她十八歲的外省退伍軍人，語言不通，雞同鴨講地生活在一起。心中只想賺錢的姚陳甭，四處打工，為人洗衣服、做水泥粗工等等，身上永遠只有兩套衣服在換穿，捨不得花一分錢買新衣，多年下來終於買下自己的房子，也過著不愁衣食的日子。

退休後，慈濟志工林翠雲邀姚陳甭做環保，為挽救地球環境盡一份心力，讓姚陳甭開始感受到全新的生活價值；先生往生後，更是全年無休地投入資源回收。姚陳甭說：「我不識字，很多事我不會做，只有環保是我可以做的。」

姚陳甭的子女很感恩慈濟，讓媽媽找到一個新的人生。小兒子說：「媽媽從小到老都是為別人而活；做慈濟後，媽媽第一次是為自己而活。」

和許許多多慈濟環保志工一樣，姚陳甭不僅希望在有生之年可以盡情發揮生命的良能，做志工到生命的最後一刻，往生後還希望將無用的身體「資源回收」——捐出來給醫學院學生做手術課程練習，將來他們成為醫生時，才不會在病人身上劃錯刀。姚陳甭在孩子為她慶祝六十八歲生日時，拿出早已準備好的「遺體捐贈志願書」，請兩個兒子簽名；兒子簽完名當下，她高興地謝謝孩子：「這是你們給我最好的生日禮物。」

姚陳甭雖然名字是「不用」，然而，投入環保志工行列，卻讓她活出「大大有用」的生命價值！

環保志工在澎湖吉貝村做資源回收。（攝影／安培淂）

環保志工　我們共同的名字

諸如陳阿桃、姚陳甭這樣的慈濟環保志工，在全臺灣有超過九萬人以上。高雄大寮江山環保站的志工，每週從高雄前鎮漁港回收沒人要的漁市場塑膠袋，塑膠袋腥臭不堪，還帶有血水，對於許多長年茹素的志工來說，初期是一大挑戰，但為了環保回收，大家也甘之若飴。

小小鐵皮屋搭蓋的環保站，晴天悶熱，雨天也無太多遮擋，大家穿起雨衣繼續再做，將髒臭的塑膠袋一一撕開清洗，再攤平放在豔陽下曝曬，最後吊掛風乾。膨鬆的乾塑膠袋，一公斤一大袋，最多也只能賣十幾塊，完全不敷成本，但只要能回收，大家都士氣高昂、無怨無悔。

早在二十多年前，住在澎湖群島吉貝嶼的慈濟環保志工歐素卿，就開始在島上做起資源回收的工作，守護美麗的沙灘。鳥嶼的石龍耳，自從接觸環保理念，明瞭海洋垃圾的危害之後，身為船長的他，只要出海期間，一定叮嚀船員不要亂丟垃圾，而且要資源回收。未出海的日子，他就在島上做回收，累積一定數量就用自己的漁船載至澎湖本島馬公，交給慈濟環保站處理。類似歐素卿、石龍耳這樣的環保志工，廣居於澎湖群島各地，守護著家鄉這一方美景。

臺南環保志工王界文與王黃玉美夫妻，每次到花蓮看女兒，都會抽空到當地慈濟環保站幫忙；即便外出到風景區遊玩，仍是忍不住沿路做回收。從家鄉帶土產給女兒，清空之後的三個行李箱，就用來裝滿花蓮沒有廠商回收的塑膠袋，帶回臺南回收，探親之旅也是環保之旅。

還有身為公司老闆娘的周黃秋香，熱衷投入環保，時常開著自家賓士車穿梭大街小巷當環保車用，從不在乎弄髒或是刮傷，從鄰居、熟識的工廠到建築工地，每一處都在她的號召下，成為慈濟的資源回收點。她的家中有傭人打掃，不用她操勞，但她卻喜歡去慈濟靜思堂輪值當志工幫忙打掃。小時候貧苦的經驗，讓她懂得「能付出就是有福」的道理，仍然過著簡單的生活。

這些志工，雖然他們各有自己的生活背景和投入的因緣，但因為認同環保，落實到生活中，讓他們都擁有共同的名字——環保志工，他們生活樸實，每天在大地上撿拾別人廢棄不要的資源，真正是一群現代的「拾穗」者。

環保志工將回收資源搬上貨船「愛民號」，將運往馬公。
（攝影／安培淂）

循環經濟與資源重生

——羅世明

有別於過去「搖籃到墳墓（Cradle to Grave）」的設計，產品使用完就變成垃圾，貽害大地；「搖籃到搖籃（Cradle to Cradle）」的永續循環設計理念告訴我們，在產品設計之初，我們就應該思考好它將來能如何循環再利用，為永續環境盡一份心力。

二〇一八年，原本大量進口歐美等西方

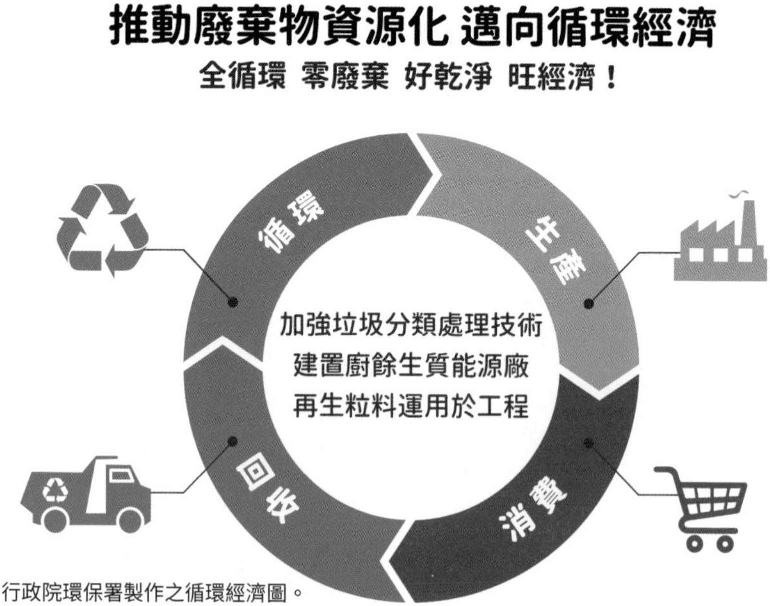

行政院環保署製作之循環經濟圖。

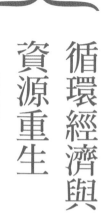

國家回收廢棄物處理的中國大陸，突然宣布禁止進口多種可回收固體廢棄物，包括廢塑料和未分類廢紙等。這些被稱為「洋垃圾」的價廉又未精細分類的回收物無處可去，開始轉向東南亞各國竄流，一時之間，引發印尼、菲律賓、馬來西亞各國抗議拒收的風波，紛紛宣布禁止進口。

臺灣也同樣受到洋垃圾衝擊，不敵洋垃圾進口回收物競爭，回收紙類等物價下跌、乏人問津，失去了原有回收的利基，最後只能透過立法限制進口才緩和危機，但已讓臺灣原本引以為傲、高資源回收率的信心遭受打擊——原來，資源回收不只是把物資收回來而已，更重要的是如何能再循環利用出去！

循環經濟的動力學

近年來，臺灣超過五成的家戶資源回收率，全球名列前茅，代表臺灣在資源回收教育、法令制度上相對完備，全民回收意識較高，能有效地把資源收回來。但這些回收的資源，若無法循環再利用，讓資源重生，辛苦收回來的資源，終因沒有出路，僅能送至焚化爐焚燒發電，轉換成能源，與一般垃圾的處理相差無幾，也就枉費回收過程的辛勞和努力。

因此，資源永續重生的關鍵就是推動「循環經濟」，而循環經濟能不能成功，首要的指標就在是否「有利可圖」？能否創造成功的商業模式，以經濟為動能，促使資源回收循環再利用。

臺灣師範大學環境教育研究所葉欣誠教授認為：「整個世界現在賦予永續發展一個操作型定義，就是我們透過什麼方式來實現永續發展這件事情，最具體的就是『循環經濟』。要理解『循環經濟』的主題和主體就是『經濟』，若忽視『供給需求法則』這個市場經濟的基本原理，那就什麼產業也做不起來！」

臺灣自一九八八年開始推動以寶特瓶（PET）回收為首的回收基金補貼制度，就是由生產廠商預撥成立基金，補貼回收廠商資源再利用，使其「有利可圖」，促成資源循環再利用。多年來，已發展出紙類和塑膠容器等十三大類、三十三項材質，並將相關業者成立的八個回收基金，整併成為環保署內的一個「資源回收管理基金管理會」運作。這是臺灣最早，也是最重要的循環經濟支持體制。

然而，要讓所有回收資源，都能有效地被循環利用，並不容易，除了找到成功的商業模式之外，還需具備相關的技術、資金、訊息等。

就如臺灣在石油化學產業上，擁有完整的上、中、下游供應鏈，讓臺灣在以碳排放量為標準的國際環保指標上，一直處於不利的地位。然而，塑膠是石化產業的一環，在塑膠循環利用的技術上，相對地，臺灣也具備優勢的創新研發能力。若能讓各種塑膠產品持續循環再利用，減少新的石油開採及製作過程中的碳排放量及汙染，也不失為一種改善環保的努力方向。

綠色經濟與永續發展

葉欣誠教授指出，過去環保是從公害汙染防治開始，逐漸發展出生態保育等面向，環保往往與經濟發展對立衝突。然而二〇一二年六月在巴西里約市召開的「聯合國永續發展大會（United Nations Conference on Sustainable Development, 簡稱ＵＮＣＳＤ）」裡，開始將企業和環保結合在一起，兩大討論議題即為「永續發展與綠色經濟」及「永續發展的體制架構」，其中「綠色經濟」就是現在的「循環經濟」。而在永續發展的概念下，環保不能只固守自身立場；環保、社會和企業必須結合在一起，成為夥伴關係，才能共同達到永續發展的目標。

其實，在聯合國提出「綠色經濟」之前，臺灣就已經有將環境、社會、企業結合在一起的先行者，那就是「大愛感恩科技」。

二〇〇三年，證嚴上人鼓勵參與慈濟志工的企業家發揮良能，致力於食、衣、住、行、資訊等方面，兼顧賑災即時性與環保再生理念的物資研發，五位企業家志工遂於十一月發起成立「慈濟國際人道援助會」；二〇〇八年十二月十日進一步共同集資成立環保公益企業「大愛感恩科技」，首先從回收寶特瓶製造出環保毛毯和衣服，提供慈濟基金會全球的賑災及支持環保商品的消費者，將環境、社會和企業制度結合在一起。

二〇一〇年，五位企業家股東更將公司股權百分之百捐贈予慈濟基金會，讓大愛感恩科技成為一個社會責任企業的典範。隔年，大愛感恩首次榮獲臺灣環保產品的最高榮耀「綠色典範獎」。而當聯合國倡議「綠色經濟」時，大愛感恩科技早已是綠色經濟的社會企業，後來更進一步取得「搖籃到搖籃」（永續循環）®銀級認證，正逐步從「減少廢棄物」往永續循環的目標邁進。

從搖籃到搖籃

「搖籃到搖籃（Cradle to Cradle）」的永續循環理念，是由布朗嘉教授和麥唐諾建築師（Michael Braungart 與 William Mcdonough）開始推廣，他們取法於自然，認為在自然界中，所有物質皆是養份，皆可回歸自然循環中。但人類自工業革命以來，以經濟成長為首要目標，產品設計及製造皆以「搖籃到墳墓」(Cradle to Grave)的思維來進行，自然資源一經開採就單向地走上「製造、使用、拋棄、汙染」的不歸路。

如今應該師法自然，從最初產品設計階

段就要仔細構思產品的結局，讓它可以回到「生物循環」及「工業循環」兩套系統裡：生物可分解的原料製成之產品，最後回到生物循環提供養分；工業循環產品之材料，持續回到工業循環，等級或升級回收，再製成新的產品。

在現實的世界裡，「搖籃到搖籃」仍是理想成分居多，因為重製再利用過程中，仍然免不了能源的消耗或是品質下降。但無疑地，它為人類物質循環再利用，立下追求的典範和清楚的指標。

自推動循環經濟以來，歐洲在此事上最為積極，訂定各種法規限制一次性塑膠用品及提高塑膠用品回收循環比率。二〇一九年歐洲議會通過制訂再生原料投入比率，規定自二〇二五年開始，製造聚乙烯對苯二甲酸酯（Polyethylene Terephthalate, PET）即俗稱「寶特瓶」的塑膠容器材質，至少應使用百分之二十五的再生塑膠。美國預計二〇三〇年也可能跟進。

臺灣寶特瓶的回收再利用，從過去的回收一點零，因為回收時和一般塑膠混雜，品項分類不夠精細，以致於只能製成低價的絨毛玩具填充物；到大愛感恩科技研發轉換成環保紗，製成衣服、毛毯等，提升到回收二點零的技術。然而，尚未能直接重新循環回到寶特瓶，主要是因為重製的寶特瓶品質會下降，且會提高容器的細菌附著率。

然而，因應未來歐美寶特瓶的再生塑膠比例要求，卻意外地讓臺灣寶特瓶回收技術持續提升。在環保署回收基金會管理會研發經費支持下，臺灣的寶特瓶外銷代工廠亞創公司以化學反應重組的方式，實現了「從搖籃到搖籃」的回收三點零模式，讓寶特瓶回收重新再製成寶特瓶，而且品質不減。

除此之外，二〇一九年臺灣新發展的鋰電池回收技術，也讓一公斤四元回收補貼價格的鋰電池，最終可以還原到一公斤五百多元價值的百分之九十九純鋰，成為利基十足的回收品項。

環保署回收基金會管理會執行秘書顏旭明指出，寶特瓶和鋰電池回收，是臺灣目前最頂級的循環經濟模式；另外像臺積電這樣的企業，也非常具代表性，不僅自身產品的貴金屬全部自行回收再利用，廢水更是百分之九十八都回收再利用。

精質回收與循環效益

所有循環經濟除了技術端的要求外，回收分類和潔淨度，也是影響再製品質的關鍵，回收摻入雜質或髒汙，對後端影響很大，耗能和耗水，甚至只能降級利用，減低回收利用的價值。

慈濟環保志工透過宣導「清淨在源頭」

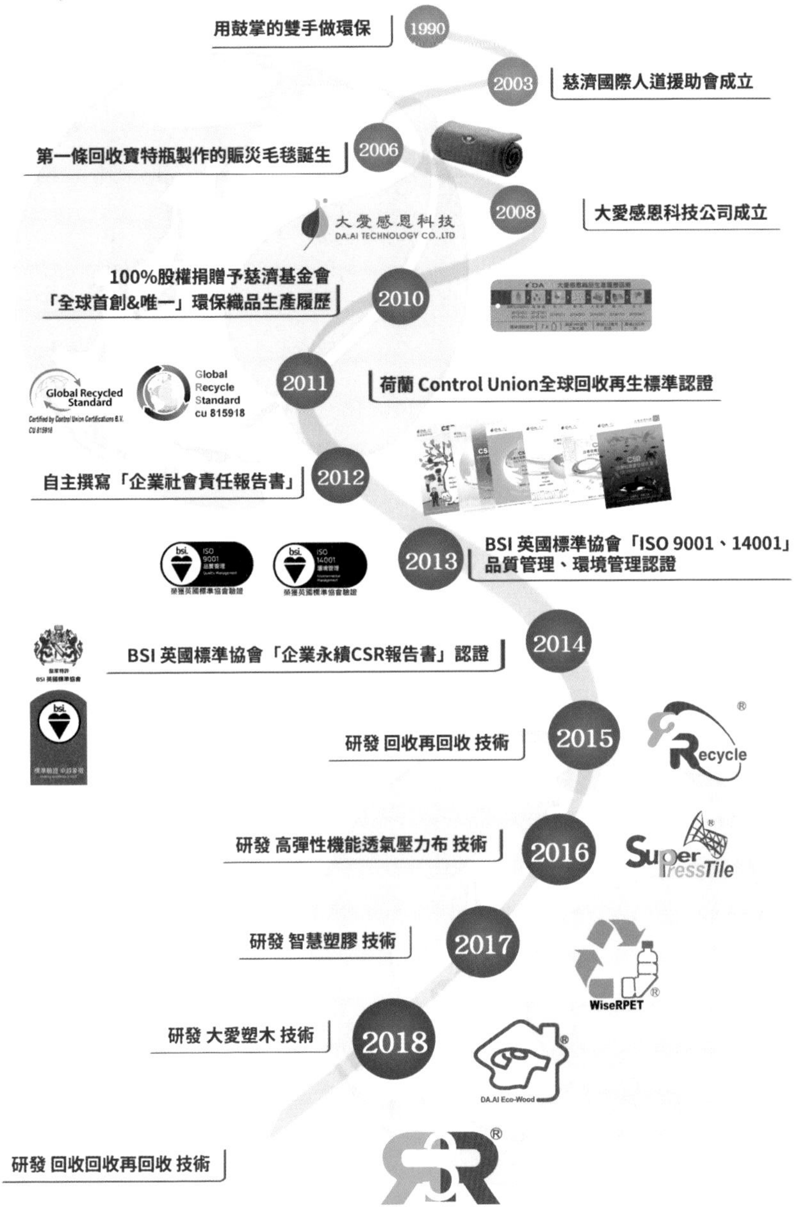
1990
用鼓掌的雙手做環保
2003
慈濟國際人道援助會成立
2006
第一條回收寶特瓶製作的賑災毛毯誕生
2008
大愛感恩科技公司成立
大愛感恩科技
DA.AI TECHNOLOGY CO.,LTD
2010
100%股權捐贈予慈濟基金會
「全球首創&唯一」環保織品生產履歷
2011
荷蘭 Control Union全球回收再生標準認證
Global Recycled Standard
Global Recycle Standard cu 815918
2012
自主撰寫「企業社會責任報告書」
2013
BSI 英國標準協會「ISO 9001、14001」品質管理、環境管理認證
2014
BSI 英國標準協會「企業永續CSR報告書」認證
2015
研發 回收再回收 技術
Recycle
2016
研發 高彈性機能透氣壓力布 技術
SuperPressTile
2017
研發 智慧塑膠 技術
WiseRPET
2018
研發 大愛塑木 技術
DA.AI Eco-Wood
研發 回收回收再回收 技術

慈濟與大愛感恩科技公司循環經濟發展圖。（提供／大愛感恩科技）

的觀念，從源頭教育大眾不用最好，但如果真的必須使用，也盡量要能夠回收再利用，而且在提供回收物時，就事先把它大項分類好，維持整潔，到環保回收站再進行細部分類，例如將寶特瓶上瓶蓋、瓶身和標籤三種不同材質分開歸類，這樣不僅能提升回收物的純度和價值，回收廠商也很容易再利用。

環保署回收基金會的連奕偉組長多年觀察認為，「慈濟直接從產源這邊開始去做純化的作業，給我們回收體系一個最大的覺悟就是說，只有提供比較好的材質，跟比較高品質的料源，後面的再利用的管道才有無限的可能，價值才會浮現出來。這是ＮＧＯ實務參與回收體系，而且做到改變一個資源回收的行為。」

唯有回收觀念的提升與科技的創新，兩者齊頭並進，才能讓資源重生，循環經濟獲致最高的成果效益。

寶特瓶變成衣服

——邱千蕙

走在街上，無數二十四小時的便利商店，渴了，隨手就能買瓶飲料或瓶裝水，寶特瓶帶給人們便利的生活。但你知道嗎？研究報告指出二〇二一年全球將賣出五千八百三十三億個寶特瓶，而分解一個寶特瓶，地球至少得花四百年之久。在保護地球與便利生活之間，對現代人是兩難的取捨。

方便所在　浪費的源頭

當然，不用最好，但在無法做到零使用之前，回收也是替環保盡一份力。在臺灣，寶特瓶回收率高達九成以上，但礙於食品安全衛生管理法及相關法規，目前無法將寶特瓶回收後再變成食用容器回到市面上。

回收後不能成為食用容器，但寶特瓶的原料——塑膠，經過回收後，卻能再製成許多你想像不到的生活用品！例如，一件刷毛背心，是用二十三支寶特瓶做的，減水六一九八〇毫升、減石油三七三毫升、減碳一四五八克；一件保暖機能上衣，是用十五支寶特瓶製成，減水四〇四二二毫升、減石油二四三毫升、減碳九五一克，不僅是衣物，毛毯、文具，都可以用回收的寶特瓶再製成日常生活用品，甚至還有環保太陽能遮陽燈帽，白天使用能遮陽、夜間提供照明，在救災時還能派上用場。這些都是大愛感恩科技公司研發出來的產品。

這間低調公司是臺灣第一家環保社會公益企業，創辦人是五個臺灣企業家，而成立這間公司的緣分要從南亞海嘯講起，當時臺灣很多企業家都到了印尼當地，看到慈濟志工在當地的援助、清掃、義診、蓋組合屋等等。兩年後基業船務負責人，也是大愛感恩科技創辦人之一的李鼎銘回憶當時：「回臺灣後，就在想我們這些企業家，除了賺錢之外，到底我們能夠為這個

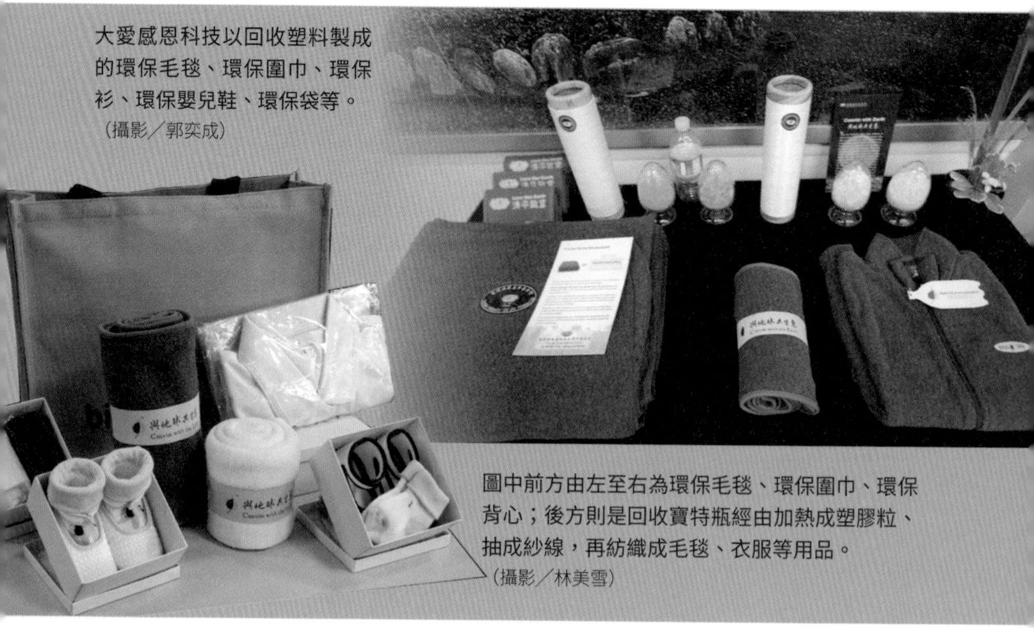

大愛感恩科技以回收塑料製成的環保毛毯、環保圍巾、環保衫、環保嬰兒鞋、環保袋等。（攝影／郭奕成）

圖中前方由左至右為環保毛毯、環保圍巾、環保背心；後方則是回收寶特瓶經由加熱成塑膠粒、抽成紗線，再紡織成毛毯、衣服等用品。（攝影／林美雪）

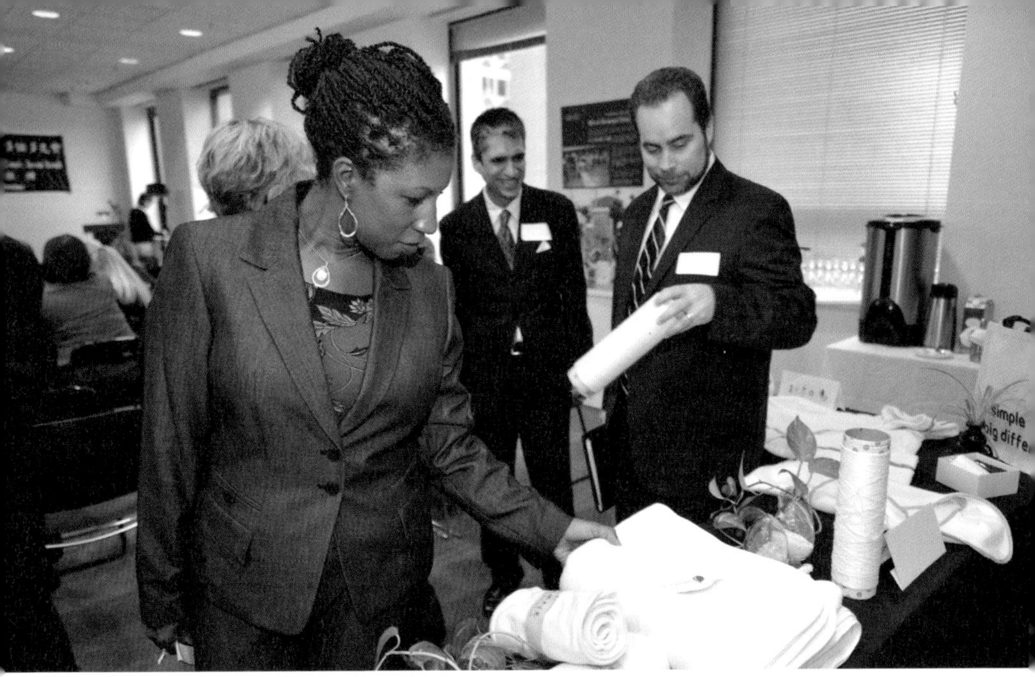

慈濟加拿大多倫多支會捐贈獎助學金給懷爾遜大學、約克大學及多倫多大學社工系清寒學生，並邀請校方代表及受贈學生參與捐贈儀式。來賓們觀看大愛感恩科技環保織品。
（攝影／陳致瑋）

社會做點什麼？這麼一個出發點，我們就成立了慈濟的國際人道援助會。」

成立援助會之後，援助會分為食、衣、住、行、資訊等部門，因為任何災難發生時，食衣住行都是災民最立刻需要得到的協助，此外資訊部門則可以透過科技將災民的需求與當地情況最快速地傳回臺灣，沒有災害發生時，援助會就在做相關的產品或技術研發。

五位公益人　創綠色企業

五位企業家都是慈濟志工，當時每個月開一次會議，在某次開會時，他們談到慈濟作為一個慈善公益組織，平時都是靠社會大眾捐贈，考量到讓組織可以長遠存續，而且慈濟的環保工作做得相當好。因此當時他們想：「我們是不是能成立一家環保的社會企業，不是企業的社會責任，而是完全一個社會公益企業。我們在二〇〇六年就有這樣的思考，然後跟證嚴上人提交我們的想法，企業家除了賺錢之外還能夠做什麼事情來貢獻社會？」於是二〇〇八年大愛感恩科技正式成立，由五位企業家出資，並且在二〇一〇年把所有的股份全部捐給慈濟基金會。

成立這間公司，主要目的不是為了獲利，最重要的是「愛心接力」。在全臺灣慈濟共有將近九千多個環保站、點在做回收，總共有約九萬人的環保志工，花自己時間不分寒冬酷暑的在做回收，而大愛感恩科技則扮演一個平臺的角色，收購這些回收物資，透過專利技術製成各種救災與日常生活中的產品，這個過程中，不僅連結超過一百三十家的合作夥伴廠商，並且透過這些產品，讓社會大眾了解愛地球做環保的理念，並且所有的收益都會回饋到慈濟的救災行動中。

李鼎銘說：「你今天可能只有一塊錢，沒有辦法去非洲、去那裡幫助別人，但是在這一個平臺裡，就會把你的愛發揮更大。所以我們公司不是專門販售產品，而是希望藉著我們的這些產品，讓你知道是有這麼多人的愛，更希望大家能夠因此身體力行來愛護這個地球。」

創新技術　寶特瓶抽長紗

然而，回收再利用過程當中，需要克服的困境難以想像，以寶特瓶到製成衣服的過程為例，必須先將寶特瓶變成壓磚，接著再切片後抽紗，紗織成布，布再織成各種衣服，這樣的製程不是獨家專利，但只要源頭取得的寶特瓶不夠乾淨，抽出的紗就容易斷掉，無法形成長紗製成衣物。

為了從源頭提高良率，大愛感恩科技在全臺灣共有將近九千個環保回收站、點都有統一的作業流程，這當中牽涉的是約九萬名環保志工的培訓，例如要將瓶蓋與瓶身分離、確實清洗乾淨與將瓶身壓扁，這些看似簡單的動作，如何讓九萬的志工願

新加坡十六位環保志工，一同體驗環保一條龍的寶特瓶回收再利用的製作過程。（攝影／許順興）

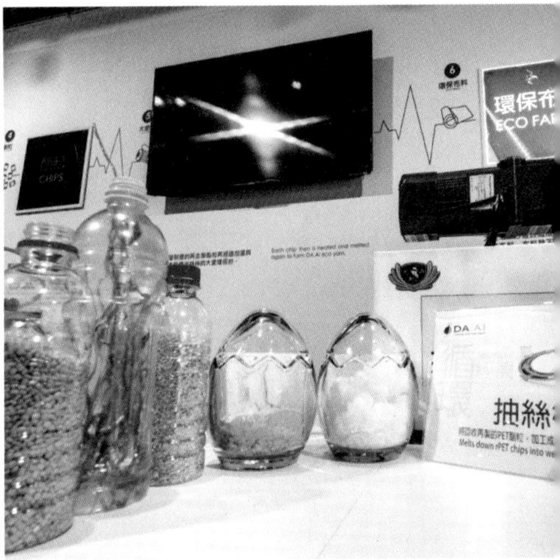

環保科技館布展，慈濟「環保一條龍」從寶特瓶回收、分類、造粒、抽絲、紡織、銷售等多道流程，形成一個環保紗的供應鏈，不只是示範了全世界都很重視的循環經濟，更是慈濟對於延緩氣候變遷、挽救生存危機的努力。（攝影／黃筱哲）

意配合？這就得回到慈濟環保制度，不只是物質的環保，更重要的是參與其中的每一個人的心靈環保。李鼎銘舉例，某次到內湖環保教育站看到一群老人家在將瓶身踩扁，老人家笑說當復健在運動，李鼎銘卻說這不僅是復健，而是在做有利地球的天下事，當環保志工知道自己腳下的寶特瓶可以再製成產品，甚至可以幫助千里之外的災民時，這就激勵了志工們重新看待自己在做的事。

甚至為了讓參與這善經濟循環中的每個人能更有感，大愛感恩科技甚至替產品寫「織品生產履歷回溯」，也就是產品的生產日記。一件環保衣上會有一張卡片寫著這件衣服，是何時從慈濟環保站回收了幾支寶特瓶，何時織成大愛紗？何時織成布、做成衣服，為地球減碳多少公克，省多少油和水。讓消費者參與到這善循環經濟當中，不僅是消費者，甚至是生產者也讓

寶特瓶回收再利用，先製作出一整卷毛毯，再裁成一條條。（攝影／許志成）

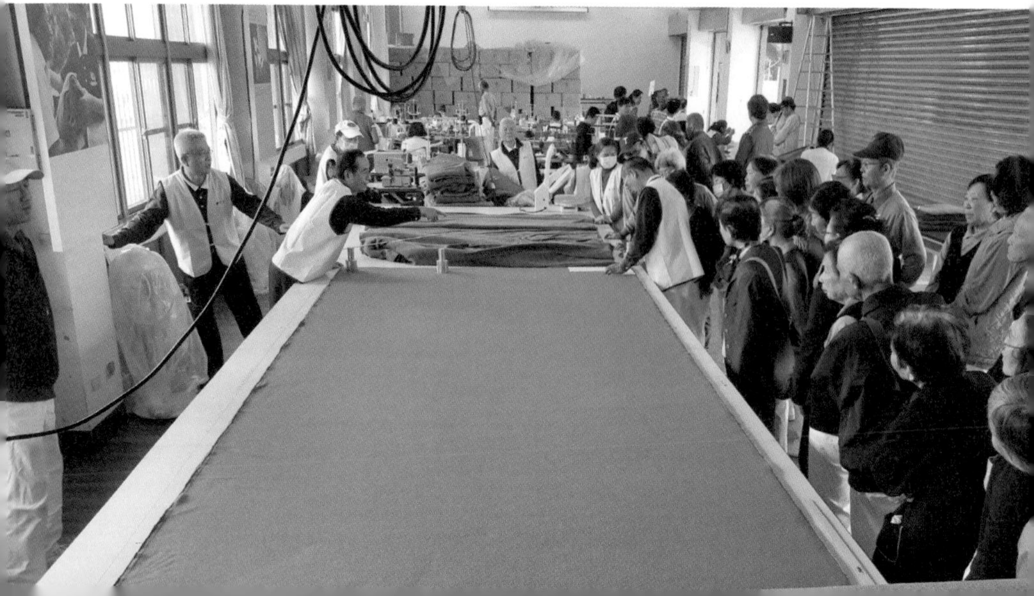

「慈濟行動環保教育車」全臺巡迴宣導愛護地球延續物命的精神。導覽志工李佩珊展示大愛感恩科技製作的衣服，並告訴大家：「這是九至十二支回收寶特瓶做成的」。
（攝影／王翠雲）

善行像漣漪盪漾出去。

曾經有位老人家來門市詢問衣服的價格，一件一千塊錢。對方表示怎麼那麼貴？有沒有打折？門市回應沒有打折。隔天他又來問，你這衣服很好，可不可以打折？第三天又來！最後他買了五件，門市同仁很驚訝，後來老人家說，自己就是環保志工，買五件衣服，其中一件給太太，兩件給兒子跟媳婦，另外兩件給孫子，要讓家人們知道自己每天到環保站不是在撿垃圾，而是愛護這個地球。李鼎銘說：「這些衣服有愛、有溫度，一個禮拜以後，他們全家都去做環保。試問你去買名牌的衣服，你會做名牌公司的志工嗎？這就是我們與其他公司不同的地方」

慈濟志工前往菲律賓萊特省塔瑙安鎮訪視，關心災民的生活情形。Mora 一家人拿著慈濟發放的毛毯合影，並寫布條感謝慈濟。（攝影／博麗妮）

身心環保　並行不悖

產品不僅有溫度，大愛科技也不斷的在品質上自我要求，得到 Intertek 全球回收標準ＧＲＳ認證並遵循 ISO900 1/14001 品質與環境管理作業流程。不僅如此，在產品研發上也從環保衣物、智慧塑膠、塑木等領域持續創新，甚至朝向回收、回收、再回收3R（recycle）目標落實循環經濟，並導入專利配方加上回收製程技術來研發綠色建材產品，在原料與設計上使用廢棄回收寶特瓶（ＰＥＴ）、廢棄回收牛奶瓶（PE）、Recycle to Recycle（Ｒ２Ｒ）毛毯等材料，研發使用廢棄塑膠瓶複合式材料，結合關鍵配方技術及製程條件的掌控，成功研發出回收再利用的「大愛環保塑木」。製造出來的大愛環保塑木，其特性耐高溫、不怕日曬雨淋的特性，可應用於室內外建築材料，減少樹木的砍伐亦是推廣綠色環保建材的應用。

甚至李鼎銘也跟環保志工說，你不是在做環保回收，你是在做國際賑災！送去災區救命的毛毯裡就有你撿到的寶特瓶。一條毛毯串連起跨越國籍、種族的愛，李鼎銘藉由慈濟基金會顏博文執行長設計的「環保一條龍」圖示概念延伸，表達出大愛感恩科技設立的根本意義。李鼎銘認為：「產品很多人會做，但我們是環保一條龍。一條龍，不是說寶特瓶變成瓶片酯粒，紡成紗，變成布，不只是這過程。這個一條龍裡面有兩個循環，一個循環經濟，另外一個心靈循環。這些回收再生產的東西，帶動很多的人接著來做心靈的環保。讓越來越多人可以一起愛護地球，把內心的善念展現出來。」

慈濟環保回收已創造完整「環保一條龍」的「兩個循環」：「經濟循環」以及「心靈循環」。（提供／大愛感恩科技）

回收好　但不用最好

既然所有產品都是回收物製成，難免也讓人有疑問，垃圾回收再利用與達到零垃圾的願景是不是背道而馳？李鼎銘澄清道：「這是有一個順序的，首先我們不要用一次性的產品，減少使用保麗龍、吸管。減少使用後，我們還可以更進一步，例如物品壞掉了能夠修復再使用。萬一不能修復了，我們才透過回收再製成其他可用物品，回收是好，但最好是不要用，不用比回收好。」

不用比回收好，是一個美好的理想，但若沒有心靈環保去感動更多人，人們在忙碌的日常生活裡很容易就選擇便利性，行為的轉變需要心態的改變。因此李鼎銘也說：「我們其實是藉著產品去感動更多人，假如你的心態改變了，大家就不會去浪費很多東西。所以不是叫大家趕快來做回收，而是從一開始，我們不要用一次性物品，這個就是大愛感恩科技在推廣的一個很重要理念。」

大愛感恩科技打破了一般人對公益企業的印象，讓企業本身的運作就是公益，而不只是賺錢去做公益。大愛感恩科技從源頭做回收，解決垃圾問題，讓被人瞧不上眼的垃圾成為助人的原料，更重要的是透過消費者支持的過程中，讓「清淨在源頭」的觀念，同時扎根在每個人的心裡頭。

環保志工從附近回收的便當盒，堆積如山。（攝影／張麗淑）

慈悲科技 環保創生

——潘俞臻

「行不改名，坐不改『性』。」淨斯人間研發長蔡昇倫，成功將回收處理業者不回收利用的紙容器塑膠膜，再製成連鎖磚，讓回收紙容器達到零廢棄。他說，這八個字是成功的關鍵——將不同屬性的回收物分離，應用其屬性製作成品。

再下去　垃圾可能比魚多

農業時代，人們種植棉花、瓊麻等植物抽紗、紡織製成衣物，天然資源即可供給人類民生所需；用到損壞後，經掩埋很快就可以腐爛變成有機養分歸於土壤，成為植物的肥料，而且，以前的人惜福愛物，真正會變成垃圾的，少之又少。

隨著工業發達，進入石油時代，產生「塑膠」這項副產品，因為價格低廉，使用方便，而被人類廣泛用於製造各種物品，加上人們因容易取得反而不知珍惜，許多物品還完好就被丟棄。這些塑膠垃圾即使埋了百年、千年也不會腐壞，而且因其熱值高、含氯與重金屬成分的特性，如

志工處理便當盒及廚餘，落實環保。
（攝影／郭美秀）

志工耐心分類堆積如山的回收物。
（攝影／林榮興）

果進入焚化爐，不但減短焚化爐的壽命，也製造了戴奧辛等毒素汙染空氣。

因為塑膠有防水的特性，因此也被廣泛應用在包裝材料之中，不僅是塑膠盒、塑膠袋，還跟紙類合體變成了紙容器、利樂包。聯合報在〈紙容器的不歸路〉調查報導中，發現臺灣每年消耗八十億個紙餐盒、紙杯，但這些紙容器卻有七成以上進了焚化爐，被當成一般垃圾燒毀。即使倖免於焚毀的三成紙容器，回收進入紙工廠再製環保紙漿時，內層的防水塑膠膜必須先去除，而這層內膜又成為塑膠垃圾。

塑膠垃圾不僅在陸地造成汙染，還禍及海洋。二〇一九年三月第四屆聯合國環境大會在肯亞首都奈洛比舉行，聯合國海洋保護部門哈畢・艾哈布爾博士指出，每年有八百萬公噸的塑膠垃圾流入海洋，相當於一百六十八艘鐵達尼號的重量，而且每年塑膠垃圾量，正持續以驚人的速度增加，如果情況沒有改善，預估到二〇五〇年，海洋裡的塑膠垃圾，會比魚類還要多。

紙容器回收　找到處方箋

淨斯人間研發長蔡昇倫擁有醫療建築碩士學位，他放棄了百萬年薪，選擇回到花蓮靜思精舍，皈依在證嚴上人座下帶髮修行，過著如出家師父般的修行生活，「回收」、「零廢棄」是上人給他的功課。

他從慈濟環保站出發，目標是讓環保志工辛勤的回收能發揮最大的價值。棘手的紙容器回收過程，不斷在他的腦海裡翻攪——紙容器內層的防水塑膠膜，盛裝食物後會留下油膩和髒汙，即使加熱熔化後，也會因為太多雜質，難以製成再生塑膠粒，就算勉強成功再製，品質也是大大下降，沒有經濟可言。

主修建築的他，熟悉各種材料的特性及製程。他估算某回收紙工廠一天清出二百噸這類垃圾，但這工廠不要的下腳料，有機會翻身嗎？蔡昇倫明白上人憂心的是，塑膠垃圾掩埋到土壤裡無法溶解，造成地球負擔，破壞環境生態，而非考量經濟利益。他告訴自己，「研發的方向也要以愛護地球出發。」摒棄利益考量，他致力於讓紙容器的塑膠膜發揮物命，遂想起，一九九九年慈濟援建九二一地震災區希望工程學校時上人指示，地磚要選用讓大地可以呼吸的水泥連鎖磚，突然有個念頭：「防水塑膠膜有沒有可能做成環保連鎖磚？」

他利用慈濟環保站裡回收的紙容器做研究，花了兩年的時間不斷嘗試，發現從環保志工清洗乾淨再回收的紙容器中，分離出來的塑膠膜加工後，耐用度、韌性驚人，理應堪得起重壓、踩、踏。於是他應用巧思設計出邊長二十公分、寬八公分，並留有透水透氣孔的連鎖磚模型。回收紙容器塑膠膜製作出來的連鎖磚，兩兩相扣

慈濟首次參加「日本東京創新天才發明展」，淨斯人間研發的「淨斯福慧家具系列」與「淨斯福慧足第二代」多功能燈組獲得金牌獎；「淨斯菩提鐘鼓」以及「經書盒」獲得銀牌獎。此外，大會特別針對具備救災功能的「淨斯救災折疊家具」頒發特別獎。發明展創辦人中松義郎博士（左前）頒獎給慈濟。（攝影／李月鳳）

合時緊密度高，經測試每塊足以支撐四十噸的重量，踩久了也不會翹起來，而且更耐摔。

蔡昇倫評估，用它替代水泥磚塊或水泥地面，強度夠耐重度也夠，塑型力也比水泥強，可減少開採洋灰和沙石所帶來的環

第 12 屆 IIP 國際傑出發明家獎暨第 7 屆國際創新發明競賽舉行頒獎典禮，大愛感恩科技公司和靜思人文研發部，同時獲得公司和個人表彰。（攝影／陳玉萍）

境傷害。實用功能通過測試後，他將人文理念放進去，將「手印」設計成環保連鎖磚上的止滑圖案，一來，象徵環保志工用鼓掌的雙手做環保；再者，感恩志工用行動「手」護大地——還將它命名為「淨斯福慧環保連鎖磚」。

「淨斯福慧環保連鎖磚」每塊連鎖磚重一點七公斤，使用三百五十到三百七十個便當盒或紙杯的塑膠膜。以一個平方公尺需二十五塊磚的用量來計算，可以消耗八千七百五十個紙杯及便當盒的塑膠垃圾，也就是說，每用一平方公尺的淨斯福慧環保連鎖磚，就可以減少四十四公斤的塑膠垃圾進焚化爐，減少空氣汙染。同理，不只紙容器的塑膠膜，連糖果袋、包裝紙等塑膠廢棄物，也能製成環保連鎖磚。

首批淨斯福慧環保連鎖磚捐給花蓮慈濟醫院，鋪設在安寧病房空中花園，運用在公共空間，造福人群。

紙容器一般回收再利用，不再只有紙類的單循環，蔡昇倫表示，慈濟推動的淨斯雙循環零廢棄模式，是全球首創：「把紙容

每一塊「淨斯福慧環保連鎖磚」需消耗一點七公斤的廢棄紙容器塑膠膜，是「實實在在」的環保產物，並應用巧思設計保持透水、透氣的優點，磚與磚之間相互連結，穩定性好。
（攝影／彭薇勻）

第四屆聯合國環境大會在肯亞首都奈洛比舉行，慈濟在二〇一九年一月，正式獲得聯合國環境署觀察員身分，參與此次峰會。
（提供／黃恩婷）

器的防水塑膠膜和紙分離之後，紙回收做成淨斯環保衛生紙；防水塑膠膜回收做成淨斯環保連鎖磚，做到零垃圾，還可以少砍樹木，減少開採水泥材料，保護地球。」未來他還準備整廠機臺輸出到海外，配合當地慈濟環保志工的回收系統，將這個循環經濟的模式推動到國際，讓更多的垃圾成為資源再利用。

一分環保心　創意源於慈悲

掌握塑膠的特性，為回收塑膠找到更好的出路，正是蔡昇倫目前不斷努力的目標。他發現，環保站的回收塑膠，琳瑯滿目，有ＰＥＴ、ＰＶＣ、PP、PS……等不同材質，慈濟環保志工為了爭取更高的回收價格，盡可能細分，但即使如此，仍受制於回收市場的經濟考量，很多時候不僅賣不到好價錢，甚至沒有回收商肯收，最後又變成了垃圾……

不忍環保志工回收的努力付諸流水，他尋思為不受回收市場青睞的回收塑膠製品，找出它們的特性，設計適合的產品，化廢為用。他和北區的環保團隊合作，分類出PS材質的塑膠，回收再製。「靜思書軒的書架，就是用環保站分類出來的PS製作而成。」

還有一項新產品——淨斯福慧折疊蓮花椅，它的材料是洗衣機內槽，材質是耐衝擊強度非常高的PP，一張蓮花椅用三個洗衣機內槽製作而成。第一批製作出來的蓮花椅，

淨斯人間愛地球零垃圾藍圖。

慈濟首次參加「日本東京創新天才發明展」，淨斯人間研發的「淨斯福慧家具系列」與「淨斯福慧足第二代」多功能燈組獲得金牌獎；「淨斯菩提鐘鼓」以及「經書盒」獲得銀牌獎。此外，大會特別針對具備救災功能的「淨斯救災折疊家具」頒發特別獎。（攝影／陳文絲）

已經在靜思精舍使用。

在臺灣，慈濟環保站每年回收八百萬噸塑膠製品，如果把回收的塑膠再製成塑木取代木材，就不用再去砍樹破壞森林，又可以把塑膠垃圾消耗掉，而且利用靜電分選，可以把各種不同材質的塑膠分離出來，再將它純化，價值就會提升。蔡昇倫認為：「我的背景不是科學家，但研發這些產品都是源自於上人的一念心，每投入一項產品的研發，都是因為上人的慈悲，才衍生出來的。」

這一點當他在聯合國環境大會發表時，佛教和平團體代表

Lizhen Wang 聽了有深刻的感受：「有許多計畫都只強調經濟利益，但慈濟的研討會讓我聽到的是，做環保背後的動力是愛和慈悲，不是為了利益。」

蔡昇倫自己也強調，每一項研發出來的產品都是有生命的，它的靈魂其實就是一念悲心，它是一個以悲啟智的發明，含融了證嚴上人對大地、生命的想法，因此被稱為「慈悲科技」。

感恩、謙卑；敬天、愛地。在慈濟，慈悲的「零廢棄」追求的不是經濟價值，而是物命以另一種姿態繼續發揮良能；是對地球和下一代無私、無盡的愛。

第四屆聯合國環境大會在肯亞首都奈洛比舉行，慈濟在二〇一九年一月，正式獲得聯合國環境署觀察員身分，參與此次峰會。投入慈濟多項賑災科技研發的蔡昇倫上臺分享為賑災研發的「福慧床」。（攝影／牧帆洲）

回收而來的物品有些仍堪用，環保志工將之分項整理，讓有需要的人帶回家。（攝影／顏霖沼）

一念之間　垃圾是古董

——潘俞臻

從臺北市八德環保站的大門望出去，車潮川流不息，而在這個大都會，物質被淘汰的速度遠比車流還快。許多回收物常是半新不舊、甚至全新，就被送來環保站回收，讓人不禁懷疑，短短五十年，臺灣人是否已經快忘記老一輩曾經走過的躲空襲、吃番薯籤、跟柑仔店賒帳買米，甚至跟鄰居借奶水養活小孩的困苦日子？

然而，有一群上了年紀的長輩，他們從小刻苦長大，出社會後又省吃儉用白手起家，打造出臺灣六〇年代的經濟奇蹟，即便退休了，還是過不慣享福沒事做的生活，又再繼續投入環保志工，為大地付出。他們惜情愛物，看到這些可用的物資被當成垃圾丟棄，心中不捨，於是將故障、破損的物品加以修繕，部分送給有需要的照顧戶；其餘包括衣、鞋、杯、盤、家電、文具和家具等，就放在二手物品「惜福區」裡義賣，口耳相傳之下，越來越多的民眾前來尋寶，成為目前全臺環保站中最具規模的「跳蚤市場」。

老、舊之物並非無用，還是可以創造附加價值。志工陳松田惋惜地說：「現代人比較不惜福，東西還沒用壞，只是舊了就不要！」就如電子鍋，許多只是髒了，功能並無損壞，但人們卻寧可花錢買新的也不願清洗；志工回收後清洗整理，又跟新的一樣好用了！

八十臺回收的舊電腦，經過志工拼湊、組裝，竟然變出八臺可用的電腦，讓一群中老年志工在這裡接受生平第一次的E化課程。「先學開機、關機，再學習上網看《慈濟》電子月刊。」陳松田指出，證嚴上人大力推動電子書，紙本減量可減少砍伐樹木，志工不應以年齡當藉口，要以身作則帶動他人響應。

古董映情　懷舊教育

除此之外，八德環保站靠著人們對於過去物品懷舊的心情，由志工細細挑揀出其中被時代淘汰的舊物，留住了過往記憶中的時光。環保站三樓的「環保博物館」，陳列許多古董級的非賣品。

度量衡工具從算盤到計算機、從秤錘、秤鉈到電子磅秤，剎時乍見古今；老相機、舊電視、電影放映機；昔日老農巡田、火車列車長所使用的古老照明燈；阿嬤時代的菜櫥、蒸籠、梳妝臺、洗衣石板、懷爐；還有能在褲腰纏上錢財的寬大藍布衣褲……在在反映出臺灣早期的生活。

志工們把它們分門別類，還標上QR-

志工洪金歲為歡喜學堂長者導覽環保懷舊區，介紹早期廚房使用的各式器皿，猶如走入時光隧道，發思古之幽情。（攝影／廖嘉南）

懷舊區裏琳瑯滿目的古早物品，吸引民眾停下腳步觀賞，感受早期臺灣之美。（攝影／顏霖沼）

志工洪金歲向來訪師生說明這些陳列品都是回收物，宣導惜福愛物的環保理念。
（攝影／廖嘉南）

CODE（二維碼）造冊管理。其中有一臺古早腳踏車的就是陳松田以前賣塑膠袋的生財工具，有別於現代腳踏車的流線設計和輕巧，這臺腳踏車，後頭還有一個載貨架。「這裡吊著，前面也掛。」陳松田又比又說，還坐上腳踏車，空踩車輪……過去奮鬥打拚的畫面，從他有力的言談中，感受到往前的動力。

二〇一八年七月，證嚴上人行腳時造訪這個「環保博物館」，讚嘆這裡人和物都是寶。這些東西，有一個空間把它擺設起來，等於也是一種懷舊教育。讓人們知道：「你們的祖先就是這樣的生活、生態過來。」而年長志工就最佳導覽人員，可以和年輕人談談先祖們生活的智慧與奮鬥故事，將世代之間的情感再串連起來。

巧手工藝　廢布綠金

二手物、古董來到環保站都重新找到價值，工廠的廢布料也在志工的巧手下變身，全臺就有許多環保站都設有巧藝坊，志工縫製的包包、小飾品，款款限量，美觀又實用。

臺南是臺灣紡織業的重鎮之一，早年興盛時期，大大小小成衣代工廠林立，但是後來隨著紡織工廠的外移，成衣代工也隨之沒落。在下營區設廠經營成衣代工的楊守富，十二年前因成衣業轉到大陸設廠，訂單逐年減少，收支入不敷出，最後工廠被迫關閉，庫存的大批布料成為垃圾，在陳姓員工建議下，他將庫存布料捐給慈濟佳里聯絡處資源再利用。

像這樣的廢布料，不只結束的工廠有，追求時尚的潮流下，營運中的工廠也會有很多不會再用到的餘布。

▲令許多人津津樂道的是，巧藝坊的布包，結合了許多社區菩薩的巧思與用心，還可以客製化。（攝影／陳忠坤）

◀巧藝坊硬體設施大多來自環保站回收物與廠商汰舊換新設備。軟體部分，由慈濟志工或社區具有縫紉等手工技藝的婦女貢獻專長。（攝影／鍾易叡）

巧藝志工回收布料，所縫製成的蔬菜、水果造型。（攝影／謝依靜）

新店巧藝坊縫紉志工縫製的手提包。（攝影／許金福）

有了布料來源，佳里聯絡處志工進一步展現綠實力。回收車布邊的拷克機、縫製的縫紉機、打版剪裁的工作檯等硬體設施，經由環保志工整理維修，重新上場；並找來社區具有縫紉手工技藝的婦女來當志工，讓原本的巧藝坊，不只做季節性的吊飾，也開始做包包，也讓賦閒在家，會女紅的銀髮族有了去處。

巧藝坊總要有人看顧，志工黃惠找上了李琇鐘，但李琇鐘卻說：「黃惠師姊，我也不會（踩）裁縫車，也不會拿針線，我怎麼承擔？」黃惠沒有放棄：「沒關係！你只要幫我找好人、顧好人就好了。」接下了任務，李琇鐘一念心起：「我也來學看看好了。」她從穿線開始學，先學會把線車直，再練習控制方向，第三天，她就拆解別人做好的包包，開始學習設計……

現在的她，週一到週六都鎮守在巧藝坊，而且，每週至少三天，開車載巧藝坊的老菩薩來付出，讓這些老菩薩可以走出家門，奉獻良能。不但改變了這些老菩薩的生活方式，也為他們找回人生的價值，身體和心情都變好了，李琇鐘覺得，這是最踏實的長輩關懷。

「既然要出來，一個人做不如大家一齊來種這個福田。」話說得輕巧，為了載老菩薩，她得多繞半個小時以上，還盼著這群老菩薩，有一天也可以和志工去關懷其他的長輩。

知道巧藝坊缺志工，開早餐店的蘇妙如，下午就到巧藝坊發揮良能，為包包畫上美麗的圖案或靜思語，而包包上精美的編織的中國釦，則出自年紀最輕的李詩韻

巧藝坊銀髮志工結合不同材質的布料拼接縫製成各式收納包與生活小物。（攝影／鍾易叡）

高雄市鳳山文德社區志工也前來參訪、交流學習。（攝影／郭淑慧）

之手，她就像大家的女兒，大家做不來的手工藝編織交給她，使命必達，「可以來這邊結交很多善知識，越做就越歡喜。」

在這間巧藝坊裡，舉凡眼睛看得到的，大到桌子、櫃子、裁縫車；小到釦子、針線，幾乎都是回收的，隔壁的環保站就是他們的尋寶站，李琇鐘說：「我如果有需要就會到環保站找找看，裡面有很多寶藏。」

生活中只要多用點心，垃圾就可以變黃金。從靜思精舍到各地的慈濟道場，環保不只是志業，更是生活的態度，而惜福就是感恩天地萬物，最好的方式。

巧藝志工鄧月雲巧手做出實用餐墊與桌墊，拿來義賣募愛心。（攝影／詹憶明）

桃園蘆竹環保志工將社區環保點回收的雨傘，拆卸傘骨後，將不同部位、傘布、花色、圖案分開來。
（攝影／洪瑞仁）

在環保站 快樂終老

——莊玉美、許淑椒

「呷老，無路用！」這是普遍老人家的心聲。畢生為家庭、社會奉獻菁華歲月的老人，當完成家庭責任，從職場退休後，接下來該過怎樣的生活呢？

根據內政部統計，截至二〇一九年六月底，我國六十五歲以上的老年人口已達三百五十二萬人，所占比例是百分之十五點三。依國際定義，六十五歲以上

慈濟志工於新埔社區關懷據點舉辦父親節活動。志工帶動長者唱跳環保歌曲。（攝影／呂文慶）

人口占總人口比率達百分之七稱為「高齡化社會」，達百分之十四稱為「高齡社會」。臺灣不僅已達到「高齡社會」，而且老年化的速度，也在全球名列前茅。

活得久　也要活得健康

然而，臺灣「平均健康壽命」是七十一點二歲，二〇一八年平均壽命為八十點七歲。所以長者在臨終前有將近十年的時間，並非健康地生活著，而是處於需要別人照顧，甚至是臥病在床的狀態。

這會是我們想要的老年生活嗎？現代醫學發達，延長人類的壽命，讓我們可以比過去活得更久，但是否同時也能活得更健康？使「老有所終」的理想，在現代社會

慈濟基金會與衛生社利部合作在臺北慈濟中山聯絡處設立社區關懷據點，照顧長者。（攝影／劉宏洋）

慈濟基金會結合宜蘭縣冬山鄉群英社區發展協會，開設慈濟群英社區關懷據點共同落實關懷社區長者。（攝影／賴振豐）

志工帶長者來到板橋靜思堂環保站實作資源回收。（攝影／鄭榮華）

板橋靜思堂長者做體適能運動。（攝影／鄭榮華）

中得以實現。因此，面對高齡社會，如何讓長者能有個合適的歸宿，讓老年生活過得好、活得有尊嚴，避免失智、失能需要別人的照顧，變成現今一個重要的課題。

因此，當全世界面臨社會高齡化，正在為長者「長期照護」問題而傷透腦筋之際，「在環保站終老」，突然間變成一個嶄新的思維，符合當今最佳的「社區安老」趨勢——讓長者回歸到最熟悉的生活環境中，在自家的社區安老，不需送養老院或只是待在家中讓兒女奉養。因為環保站是延緩老化的最佳訓練場，有正常的人際互動，長者從做環保回收的過程中可以訓練腦力、活化細胞，也能維持手部肌肉靈敏度，減緩退化。最重要的是讓這些長者在環保站中，重新投入做對社會有意義的事，讓自己「回收再利用」，重拾人生的光輝與價值。

芒果樹下　閒話家常

八卦寮環保教育站的芒果樹下，被人稱作「檨仔腳ㄟ班長」（臺語，芒果樹下的班長）的盧美琴正陪著一群環保志工，快樂地工作著。大家在樹下敲敲打打，分解回收物資，扔進回收籃裡的瓶瓶罐罐的撞擊聲，此起彼落；但這一切都比不過歡喜的說笑聲，因為這裡有一群快樂的志工，在這裡，每天大家都做得滿心歡喜！

十幾年來，美琴堅守著自己的崗位，

高雄仁武八卦環保站環保志工，來自四面八方、背景各異，為了相同的理念共聚一堂，攜手護地球（攝影／黃世澤）

也陪伴著許多老人家，她可以如數家珍般地，一一細說著桂琴、素琴、先生媽、貝蒂、陳阿嬤這幾位環保志工在芒果樹下的趣事。

人稱「校長」的陳阿嬤，八十幾歲了，有輕微的失智，跟她講過的事有時候會忘記，但若再跟她講，她也會再跟著做，只是還是經常會忘記。所以美琴就安排她做一些比較簡單的回收工作。

人稱「先生媽」的阿嬤，兒子是醫生，來這邊都是由印尼籍的看護貝蒂推過來，她會幫忙掃地，有時候也會幫忙拆電線。比起待在家中，能來這邊和大家做環保，時間過得很快，而且整天都很歡喜。

六十多歲的林桂琴，從有憂鬱症做到憂鬱症都好了，她心情低落的時候就怪怪的，不說話，因為比較會恐慌、害怕，都不敢去醫院，看到往生者也會害怕。但來到環保站，跟大家一起做事、生活，心就比較能安定，勝過吃藥看醫生。

位於高雄仁武區的八卦環保站，是高雄地區最早期成立的環保教育站之一。（攝影／顏霖沼）

還有小兒麻痺的素琴，也天天都來，已經十幾年了。家就住在環保站隔壁的陳阿嬤，更是把環保站當成自己的家，走兩步出門就到了，八十幾歲了，待在環保站的時間都快要比家裡多，也是天天做得很開心、很歡喜。

社區關懷　長者輕安居

二、三十年來，慈濟環保站裡面這些長者快樂、自在的生活，隨著社會環境的變化，近年來逐漸被重視起來。特別是在長期照護的實務工作中，針對失能、失智長輩及其家屬之需求，結合政府政策、資源，加上慈濟社區慈善、醫療、環保志工的力量，打造出一種以社區環保站場域為中心的，嶄新的長者長期照顧模式。

證嚴上人曾說，老人有三好：經驗豐富好、健康長壽好、走入社會做志工最好，而環保站同時也是社區的「輕安居」，因為裡面有許多高齡的環保志工，天天為淨化大地而付出，同時也活絡肢體與腦力。

年長者做環保的好處，任職於臺北慈濟醫院身心科的李嘉富醫師最了解，因為每回有長者來看門診的時候，往往都會向他抱怨，好不容易把小孩拉拔長大，結果大家都出去工作，丟下自己一個人在家裡面，每天孤孤零零的很恐懼、很害怕：「不知道哪天會不會死在家裡面，都沒有人知道！」

但是在他的這群病患當中，卻有一些不太一樣的長者。在李醫師剛到慈濟醫院任職的時候，有一位年長病患才剛動完手術，就急著拜託醫生希望能早一點出院，

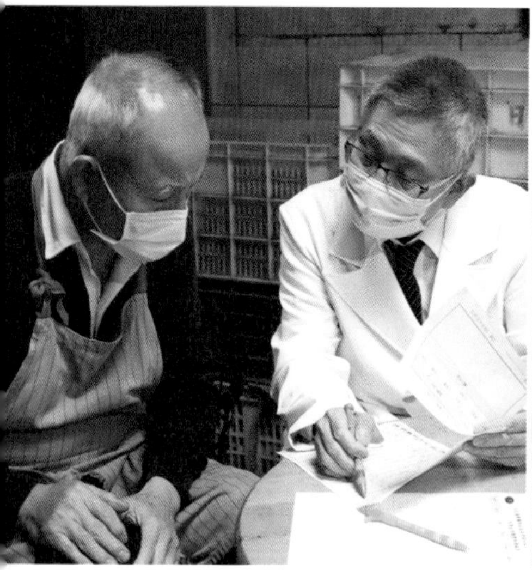

李嘉富醫師（右）向環保志工說明前次檢測的結果及應注意事項。（攝影／陳何嬌）

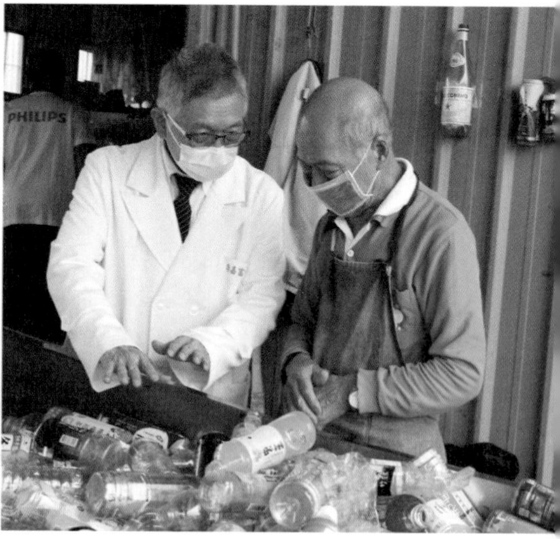

李嘉富醫師關懷環保志工的健康，給予許多生活保健的叮嚀。（攝影／鄧建中）

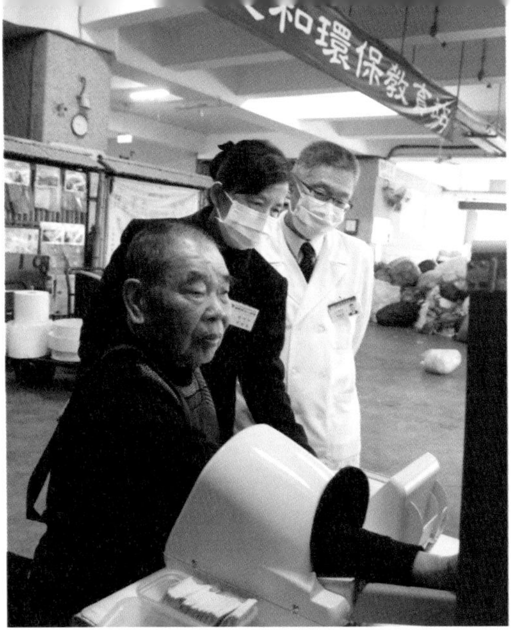

臺北慈濟醫院醫師李嘉富（右）提供血壓計給雙和靜思堂環保站，並指導志工如何操作，方便環保志工每天量血壓，守護健康、守護愛。（攝影／陳啟平）

李醫師問她：「為什麼？」她說：「我要趕快回去做環保！」李醫師納悶手術剛做完，怎麼有辦法回去做環保？她又說：「如果不趕快回去，第一，我會覺得我的環保工作做不完；第二個我覺得我如果再躺下去，可能就爬不起來了，所以我要趕快回去做，才能夠恢復體力。」

李醫師還發現，當他們講到做環保的時候，表情都是很高興、很歡喜的。後來他漸漸才明白，原來這些長者都有一個共同的名字，那就是——「慈濟環保志工」。

其中有一位志工的兒子是醫師，曾經拜託媽媽不要去做環保回收，因為他是醫師，媽媽去環保站做資源回收，會讓他覺得很沒面子。但媽媽卻反過來跟他說：「兒子，你當醫師，可以救人；我做環保，可以救地球。」原本這位媽媽有腰椎疼痛的問題，做環保後，身體就逐漸好轉。

李嘉富醫師歸納說，當這些長者走出家門，投入環保回收，發現自己可以救地球、可以幫助別人；看見這麼多人，共同在做一件很有意義的事情，他們就覺得很快樂，因為做環保讓他們感受到人生很有價值、很有尊嚴。

百歲人瑞　樂活長青

看到這些志工長者，反觀全世界，目前全球每三秒鐘新增一位失智症患者；臺灣目前是每四十分鐘就增加一位，失智症是一種腦部退化的疾病。為了早期發現、早期預防，李醫師開始著手研究慈濟環保站裡面的這群老人，為何能夠活得比較健康？

研究過程中他發現，「運動」、「動腦」，以及「良好的人際互動」是三個延緩老化的重要因素，李醫師認為，慈濟環保站裡已具備後面兩項元素，只要把運動也加進去就完備了，於是他們與政府合作成立失智共照中心，設立長者的樂齡學堂，有些就直接設在環保站裡面，同時為這些長者加上一些健康檢測，提早發現導致智力退化的因素，例如營養素缺乏、維他命B_{12}缺乏、葉酸缺乏等等，給予補充之後，一些長者的記憶就恢復回來，達到延緩失智的效果。

「做環保，沒煩惱」，現年一百零三歲的環保志工蔡寬是最佳的代表，一九七九年她結束二十六年的助產士生涯，從職場退休，起初她也認為人年紀大了，就應該

大林慈濟醫院失智症中心主任曹汶龍醫師，為環保站等地的長者實施失智檢測，以求早期發現預防，並創辦推廣「記憶保養班」，延緩長者失智退化。（攝影／王翠雲）

享福度日，於是開始環遊世界的享樂人生。

直到七十歲時，她接觸到慈濟，見到世間許多苦難，毅然投入志工服務行列，

大林慈濟醫院、北港鎮公所共同為社區長者開辦記憶保養學苑班，預防及延緩失智症的發生。（攝影／蔡宜達）

三十年來，她的足跡遍及社區環保、貧病訪視等等，助人無數。這些年來，基於環保和助人的心願，她開始以每餐一包五穀粉，搭配少許早餐店切掉不要的三明治土司邊，再加上幾顆蔓越梅這類簡單的食物維生，省下來的錢捐出去幫助窮困的人。年紀上百，環保回收未曾中斷，還能下腰、拉單槓，她力行證嚴上人對「長照」的理念——就是健康的老人，要去幫助有需要的老人！這些年來她服務的對象，都是年紀比她小的「長者」。

活過百歲，蔡寬感到自己的這一生很有價值，現在的她仍不覺得自己老，因為她還有很多事可以做，每天都有

一〇三歲的環保志工黃蔡寬用心的將報紙折疊整齊並綑綁。
（攝影／邱祥山）

很多人因為看到她活得健康、活得這麼有意義，從而增加了生活的勇氣和力量。

類似蔡寬的志工長者不計其數，能在環保站快樂終老，應該是絕大多數環保志工的心願。高雄大社環保志工陶林貴枝投入環保回收，認真打拚的程度，讓她的先生曾經開玩笑說：「妳乾脆把床搬到回收站去好了。」問起她為何如此認真？她笑著說：「我自己也想不出什麼原因，師父說要我們救地球，而且做環保讓我覺得很快樂！更何況在我心裡，環保站早就是我第二個家了！」

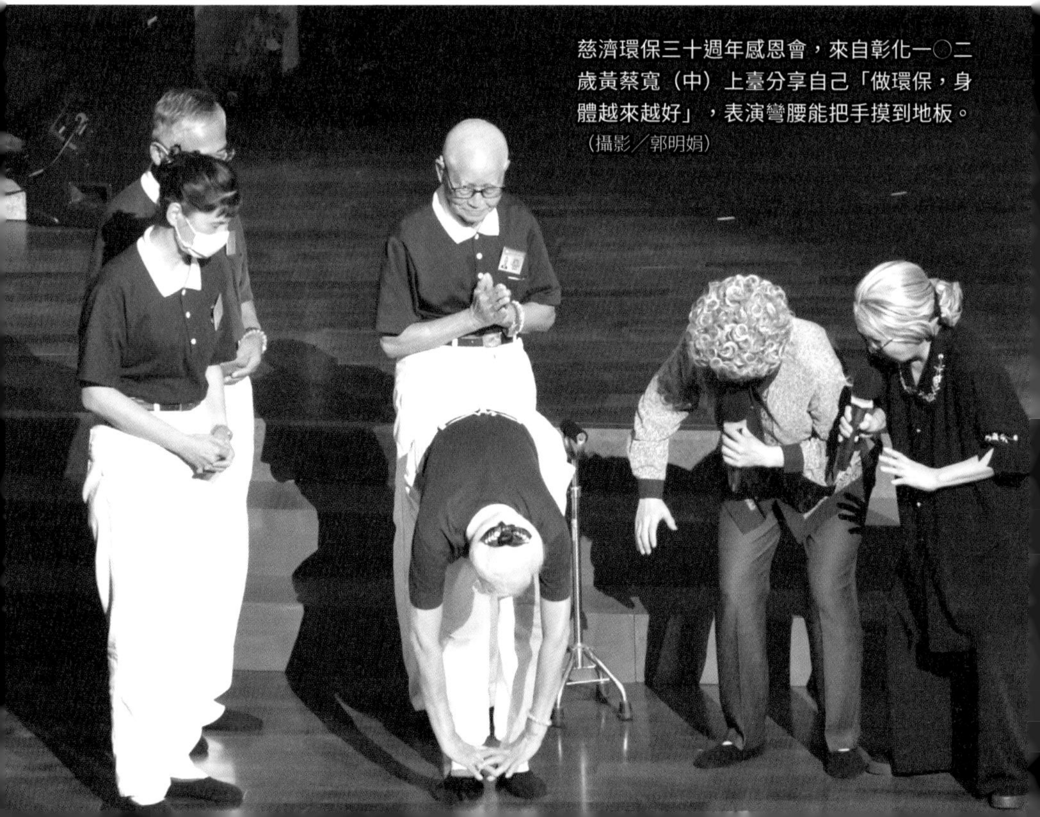

慈濟環保三十週年感恩會，來自彰化一〇二歲黃蔡寬（中）上臺分享自己「做環保，身體越來越好」，表演彎腰能把手摸到地板。（攝影／郭明娟）

人生也可以再利用

——賴睿伶

「出獄之後，我就像一張廢紙一樣，到哪裡，都被人認為是『垃圾』，但是，當我走進環保站，我卻成了『寶』。」一位投身環保志工的更生人，回想在這重視物命與生命價值的慈濟環保教育站裡，如何被大家接納，讓他在回收資源的同時，也重拾自我的價值，「回收」廢棄的人生，挽救破碎的家庭。

對更生人來說，服刑是用歲月沈澱罪愆，省思改錯。但是離開監獄後，如何復歸社會？被大眾接納，或是接納自己、避免再犯，他們需要的是一個機會！

回收自我　日子原來可以平凡

二〇〇三年，彰化地檢署觀護人陳玉林主動提請，在田中環保教育站設立彰化地區第一處更生人社會勞動服務定點。十三年後，本身也是更生人的慈濟志工高肇良回到永靖，自願承擔起陪伴更生人翻轉人生的任務。於是，這項業務從田中轉移到永靖環保教育站，並與彰化地檢署觀護所合作，將假釋、緩刑與受保護管束的更生人，每月兩次固定到地檢署的「強制報到」，了解他們生活狀況，包括家庭互動、情緒管理、工作情形或是輔導就業等的調查評估，改成每月第二個週日到永靖環保教育站強制報到，由觀護人到環保站來評估，同時也讓這些「同學們」能夠在環保活動中，轉換心性，從而逐漸重返社會。

永靖環保教育站在地方有「社區客廳」的美名，是當地一位大企業家護持環保免費提供的場地，也是鄰里鄉親們一起泡茶聊天、做環保、上課共修和聽聞佛法的好地方。特別是週末假日，裡裡外外更是生氣蓬勃。

負責引導和指揮的阿美姊，扯開嗓子，引導同學們分成多條動線，無論是粗重的玻璃瓶、需要打包的塑膠袋或是地面

永靖環保教育站裡，更生人和其他人都沒有分別，大家只有一個共同的名字，那就是「環保志工」，共同用愛為大地而付出。（攝影／朱森林）

需要清掃，透過她的指揮，讓大家更有序地進行，阿美曾經經營砂石場與圍事的大姊頭，因教唆殺人而入獄服刑，假釋期間她便已固定在永靖環保站報到，從那時開始，直到現在十年強制報到早已期滿，自由身的她卻已將做環保，列為固定行程。

阿美不僅照料同學們做環保，也會看前顧後地，關心年長的環保志工們，「有一次，我看到一位很老的志工，穿著藍色的衣服（慈濟志工服），蹲在地上，整理剛做完環保的地面，那個時候，沙塵啦、小的垃圾啦……其實不是很乾淨的啦！但我看到她，穿著那麼『好』的衣服，卻在做這麼髒的事情……我的眼淚就要掉下來了！」

對阿美來說，慈濟志工是在電視上出現，救人、助人的「菩薩」，那一套「藍天」制服，象徵著無比的榮耀，但是，在她面前，卻也如此卑微，與塵同垢，讓她堅硬的心軟化了下來。

身教境教　用慈悲翻轉心靈

「人要變，也不是一次能做到的！」阿美和其他的志工，很能體會來報到的同學們對於環保站環境的陌生，因此除了熱切招呼之外，也忍不住提醒「如果真的要抽菸，要到外面抽喔……」有菸癮的同學，只好兩、三人一揪，就到環保站外「放鬆」一下，但三兩下，卻又折返了。

板橋地方法院受保護管束的少年，在法官、觀護人及更生人保護關懷協會的陪同下，來到板橋園區參訪。（攝影／胡月雲）

「怎麼了，一下就回來了？」阿美問。

「沒辦法啦！路人會用奇怪的眼光看，哪有慈濟人會抽菸的……」原來，在慈濟的門前抽菸，就被認為是慈濟人的行為，無形中，同學人也自我約束起來：「慈濟給方便，但我們不要如此隨便，能忍，能不抽，就別抽了！」無形中，菸也慢慢戒了，這是做環保的另一個收穫。

而阿美的改變，不是在戒掉什麼習慣，而是在心念上的變化。每次做完環保後，志工們都會安排同學們入佛堂內，觀看證嚴上人開示的影片，或者聽慈濟志工的分享。有一次，阿美開心地入佛堂，卻哭著出來……

「那一次看到風災，好慘啊！災民沒有

慈濟志工為受刑人舉辦「慈濟人文靜思語讀書會」，輔導他們轉換心念。（攝影／蕭必亨）

地方住，就在水裡，待著、苦著……上人就說，如果願意，大家一份心、一份力，就能『借力使力』，幫助他們。我看著看著，竟然流下眼淚……」阿美回述當時，仍掩不住激動的神情，「哇！我竟然也有慈悲心，我『這款人』（臺語，這種人）竟然也有慈悲心！」她重複著，足見「慈悲心」對她的意義之重。「善款不在多少，而是那一份心念。」她珍惜、她把握，從那天起，她知道自己可以和過去不一樣。

「犯過錯的人，不等於壞人，畢竟沒有人願意犯錯、沒有人願意當壞人，而慈濟人願意接納他們。」長期陪伴保護管束者的彰化地檢署觀護人主任蔡欣樺認為，「更生人能不能順利回歸社會的因素很簡單，但也很困難，第一個是要有正常的工作、第二個要家庭的支持，還有朋友與環境，重要的是，他的信心能不能增加！」

溫暖接納　預防再犯的良方

據法務部統計，十年來，全臺矯正機關的收容人數年年皆為超收，截至二〇一九年十二月底，超收比仍達百分之五點九。如何降低犯罪率與再犯率，一直是公部門努力的目標，然而社會面的作為，也是能發揮一份力量。以永靖環保教育站為例，因其採假日報到，不僅讓保護管束的同學能夠兼顧工作，無需在週間請假至地檢署報到，再加上軟性的關懷，「慈濟給他們善的支持，以及除了家人以外的溫暖，在再犯率上是明顯降低！」蔡欣樺主任說。

環保教育站的報到，是奔向新生的起點，而終點歸向何處？每個同學在各自的心中探尋著。楊志偉因犯下強盜罪判刑十六年，獄中認識了佛法，於是出獄後找到慈濟，「我入獄前做的是舊品變賣，因此很能接受資源回收，這對我來說一點也不難，但是人，難就難在自己的心。」一出獄沒多久，志偉就因工作就跌斷了手，還沒展開的新生活，頓時陷入困境，志工高肇良因是更生人，特別前去探望，還自掏腰包，包了三千六百元的紅包慰問他。

「高師兄自己的生活也不是多好，三千六百元是很多錢的！我拿著那個紅包，非常感動，心裡想，他到底是怎麼樣的人？為什麼會這樣幫助不認識的人？」志偉慚愧地說，自己就是戒不掉「貪」，賺一些就想要賺更多，賺更多又想要再更多！但是斷了手、無法工作的他，幾乎連引以為傲的年輕體力，也做不了事，「那時我幾乎什麼都沒有？我真的活得下去嗎？」

志偉開始用一隻手做環保，他也跟著高師兄，高肇良到哪裡演講分享戒毒的重要，他也跟著去；彰化靜思堂需要福田志工他也摻和湊數地去。就這樣一天一天地過，「我竟然就漸漸好了！我的生活竟然可以這麼簡單，吃得簡單、用的簡單，我需要的根本就不多……」志偉的手復原

曾經身陷囹圄的高肇良（左）現身說法，鼓勵年輕的受刑人向上，並一一緊握受刑人的手鼓勵大家。（攝影／簡淑絲）

高肇良以自己的故事作誡惕，勸請受刑人勿再重返吸毒路。（攝影／黃筱哲）

楊志偉工作之餘積極投入環保，他說在做環保回收的同時，好像也在回收自己。（攝影／詹大為）

了，心也復原了！他決定要賺錢還給被他搶錢的那位小姐！

於是，他開始每天凌晨四點就去打工送羊奶，上午七點半接著去鐵工廠上班。高肇良有天忍不住詢問，他才說十年前曾經搶被害人十萬元，這些年雖然接受法律制裁，但被害人害怕絕望的表情，都一直烙印在腦海中，無時不刻難以散去。他心中充滿愧疚，一心想加倍努力工作，把薪資存起來賠償給被害人。

聽完楊志偉說明原委後，高肇良一時間難以言喻，等他存到了十萬元，高肇良幫忙致電給「彰化地方檢察署觀護人室」幫忙查詢資料檔案，聯繫上了當初的被害人蔡小姐，展開修復式司法的程序。

懺悔告解　修補終生傷痛

二〇一九年十一月二十八日上午，彰化地方檢察署指派任職「彰化師範大學」李老師擔任第三方中立修復士角色，並邀請被害者與加害者兩造雙方一同前來地檢署會議室見面。這一天，楊志偉期待已久、想要當面向被害人懺悔的機會，終於到來！

事隔十年再次見面，現場氣氛略微嚴肅，一時間為化解雙方的尷尬，李老師運用專業技巧慢慢引導破冰，很快為楊志偉及蔡小姐搭起和諧互動的橋梁。

楊志偉突然間流下男兒淚，看著蔡小姐說：「傷害您是我一輩子最大的愧疚！雖然我受到法律制裁而入監服刑。但一直難忘記自己鑄成的大錯，一直想親口向您說聲對不起，卻都沒有機會。服刑十年中，爸爸往生了，我也學習到懺悔及感恩，所以開始改變自己，現在加入慈濟當志工，希望多為社會付出彌補以前過錯，我目前在工廠上班，工作還算穩定，蔡小姐！對不起！請您原諒我好嗎？」

蔡小姐聽楊志偉說完後，突然間也感動地哭了出來。接著說：「看到您有能力還我錢，代表您經濟穩定，已經不在是社會

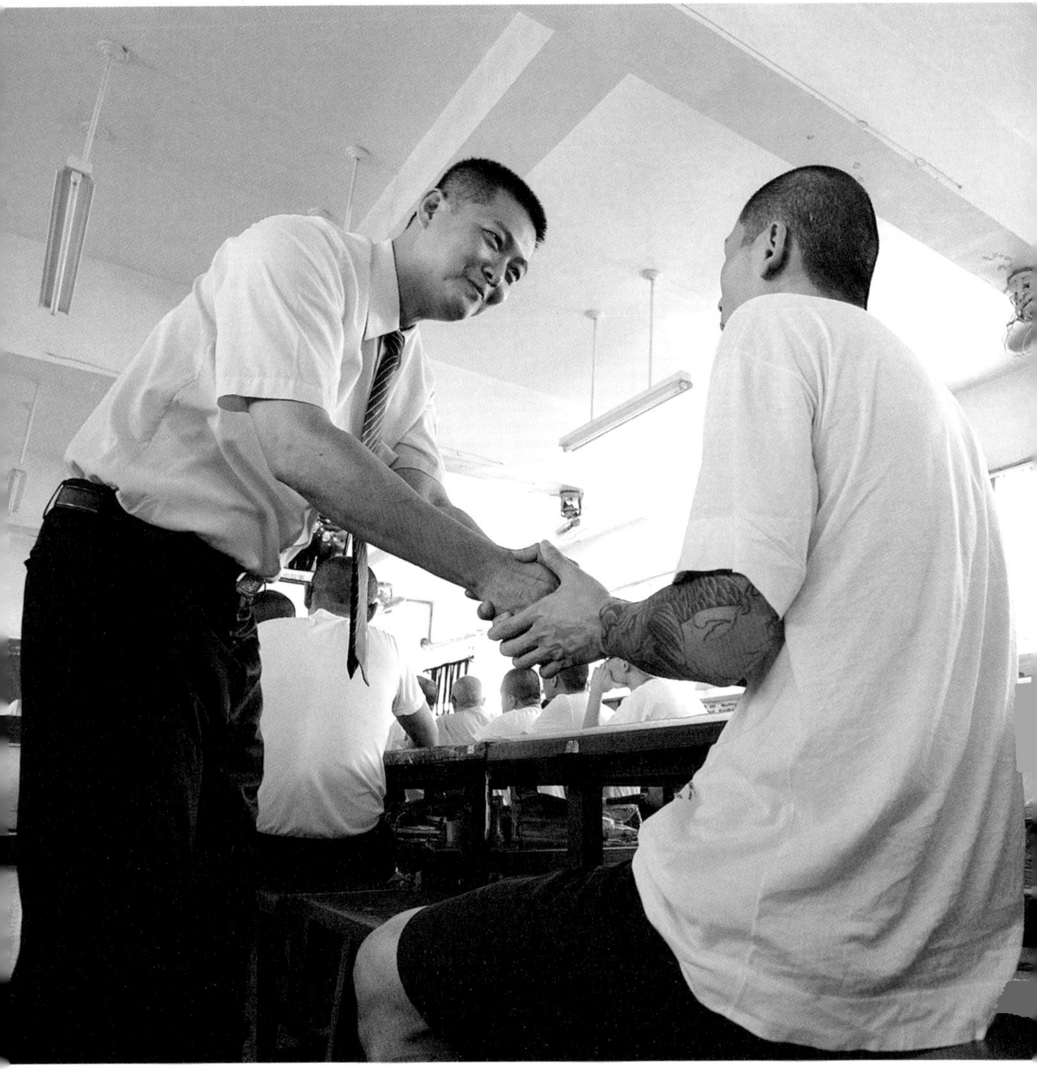

高肇良因成功轉換人生，二〇一六年獲總統頒發「旭青獎」表揚。八年多來，他走遍全臺灣所有監獄現身說法，手把手希望將「同學們」拉拔離開過往迷途的人生。（攝影／黃筱哲）

的負擔，我很高興，希望您未來繼續堅持下去，加油！我願意原諒您！」

那一刻，楊志偉完成當面還她錢的心願，也得到對方的原諒和支持，被貪字追逐多年的他，如同環保站的資源回收物一樣，彰顯了物命的本質，也看到生命的本質。

「公家資源是有限的，可是社會資源是無窮的，我們要借力使力，引介外在資源共同協助，幫助這些需要幫助的人。還是要再次強調，犯過錯的不代表就是壞人，誰都不願意去犯錯，誰都不

左起蔡天勝、林朝清、張明智幾位翻轉人生的更生人，也是現在的慈濟志工，聯袂到各監獄現身說法，激勵「同學們」改變人生是有可能的。（攝影／張淑華）

清淨在源頭，從監獄關懷往前推到毒品防制，進一步降低青年人犯罪入監的機會。慈濟基金會、慈濟大學與法務部、衛生福利部、教育部合作推動「無毒有我」反毒宣導，在各學校、社區積極推動。（攝影／楊國華）

願意去犯罪，更不願意去傷害任何一個人。我相信他們只是在過程中，善的因緣還沒有被啟發出來，我們現在做的就是這個區塊。」

蔡欣樺主任感慨地說：「人都有會想要去愛人，想要被愛，說真的我們都是幸福的人，我們投入慈濟，或者可以在公部門服務，我們都是幸福的人。社會上，還有許多人需要被幫助，需要大家的力量！」

週日的午後，用過餐的同學們，踏上歸途，有些人的手中還拎著被裝滿的便當。又是一次報到日完成，走向下一步，相信會踏得更穩。

果菜市場裡大量堆置著前一天被淘汰的各種蔬果與其殘渣，是食物浪費的大宗。（攝影／劉子正）

「零垃圾」是夢想嗎？

——羅世明

零垃圾也許只是一個理想，但零垃圾的態度卻是人人應該追求的，我們必須透過循環回收和少用、不用的行動，重新找到與大自然和解共生的方法，否則全球暖化、氣候變遷帶來的重大災難，即將迫在眼前……

「垃圾」，是工業革命後才出現的新名詞，大量生產之前，人類生活幾乎沒有多餘的東西可丟棄。蔬果可以回歸自然，枝葉是薪柴；人畜的排泄物更是最好的肥料；動物的毛、皮、骨、殼也都可以再利用；鍋碗盆瓢，一輩子也換不了幾個；在印刷不發達的時代，書是稀有的無價之寶，遑論丟棄。從宋朝開始出現的惜字亭文化即是證明，表現出對帶有文字的書籍、紙張高度尊崇的態度，即使不得已需捨棄，亦須以極恭敬的態度將它焚燒成灰，而不是隨意撕毀、棄置糟蹋。

紅白相間的塑膠提袋，被廣泛運用於市街攤販及商店，可說是臺灣生活文化的一部分。但如果沒有妥善處理廢棄塑膠袋，將成為環境汙染大問題。（攝影／顏霖沼）

然而，這一切到工業革命之後就完全改觀，機械化大量生產取代傳統工匠的慢工細活，生活更加便捷快速；加上資本主義消費文明的推波助瀾，一次性、即用即丟或大量消耗資源的生活模式，阻斷了人類社會與大地的自然循環，「垃圾」快速累積、消化不及，造成環境汙染和長遠的禍患。

紙或塑膠　錯不在它

近年來，許多人開始推動「零垃圾」的

環保生活，希望透過循環回收和少用、不用的行動，嘗試回歸過去，重新找到與大自然和解共生的方法。事實上，生活在現代社會，徹底的「零垃圾」也許只是一個理想，但「零垃圾」的生活態度下，簡樸、不用、少用的理念，才是真正觸及解決環保問題的關鍵核心。

過去紙袋的大量使用，讓森林遭受浩劫，為避免過度使用紙張，於是以塑膠袋替代，結果卻換來塑膠袋的濫用，造成嚴重的汙染。一時之間「反塑」、「限塑」的聲浪迭起，塑膠還曾被美國《Time 時代雜誌》將其評選為「五十大最糟發明」，一時之間，塑膠有如全民公敵。

然而，當年塑膠袋發明者，瑞典科學家斯坦．圖林（Sten Gustaf Thulin），他的兒子勞爾．圖林（Raoul Thulin）在二〇一九年接受英國廣播公司 BBC 訪問時澄清，一九六二年父親發明塑膠袋的原因，就是為了環保，因為塑膠袋耐用、可重複使用的特性，可以替代紙袋，減少砍伐山林。他的父親早就隨身攜帶塑膠袋，將它摺於口袋去購物，就如現在的環保袋一般地重覆使用。如今塑膠袋被濫用到如此地步，勞爾覺得父親如果得知，應該會感到十分震驚與難過。

其實，塑膠本無罪，問題還是在人類。若人們任意浪費的習性不改，當我們「拒塑」之後，下一個即將被濫用、汙名化的代罪羔羊又會是什麼呢？所以，根本之道還是在於垃圾減量。而「零垃圾」確實提供一個很好的目標典範。

垃圾減量　就是惜福愛物

民以食為天，想要垃圾減量，最容易做到的就是廚餘減量，而減少廚餘的根本就是不浪費食物──吃多少、煮多少，把飯菜吃光光。這也是近年來環保人士倡議的「光盤」行動，其實也就是過去老祖宗的惜福美德。在臺灣，常聽老一輩說，「如果沒把飯吃乾淨，將來會娶（嫁）貓臉某（尪）」，也就是如果不惜福，沒把食物吃完的話，就會娶或嫁到麻臉的妻子或先生，雖然這應該只是過去大人嚇小孩的

花蓮慈濟中學學生將廚餘分類放到堆肥區。（攝影／陳鏗木）

可隨身攜帶的環保餐具：環保碗、環保筷、環保杯。
（攝影／顏霖沼）

話，但也表示臺灣過去惜福的美德深植民間。

事實上，特別是蔬食者，只要不浪費食物，基本上產生的廚餘就只有不能吃的果皮和菜葉，而這些自然的東西，都可以回歸到堆肥或製作成環保酵素，用於促進植物生長或廚廁清洗之用。這也正是證嚴上人所推動的各項環保理念。

延續著靜思精舍簡樸生活的實踐，一九八八年，證嚴上人提出「知福、惜福、再造福」、「八分飽二分助人好」，期許大眾能夠感恩知足、惜情愛物，在每一個當下再造美好的生活；若能只吃八分飽，不僅自我健康，省下的二分，還可以用來幫助別人。一九九〇年再以「用鼓掌的雙手做環保」呼籲社會大眾開始投入資源回收；一九九四年推廣環保餐具，宣導自備環保袋、碗、筷、杯，並落實於慈濟志工的生活及活動中，所有慈濟的活動都鼓勵自備環保用具，不使用一次性的容器。

約莫同時，主婦聯盟也因推動垃圾減量，發現當時廚餘約占垃圾量的三分之一，如果能將廚餘分類回收再利用，對垃圾減量將有莫大助益，因此從幾方面著手，一是一九九五年起，由林碧霞博士帶動志工研究廚餘堆肥技術，教導家庭主婦如何將廚餘減鹽、減油回收堆肥利用；一九九八年向臺北市政府提出「推廣家戶廚餘和校園、公園落葉堆肥化處理之研究計畫」，將廚餘回收推動至臺北市的社區和校園；接著推動政府立法，將廚餘與資源垃圾和一般垃圾分開回收。也另推動自備環保袋，但當時觀念太先進，單憑環保理念宣導並不容易。主婦聯盟前董事長陳曼麗說，曾經聽當時的董事長陳秀惠提到：「我們賣環保袋喔！賣得非常辛苦！然後慈濟一次就可以推二、三千個！」

食物浪費　舊議題新包裝

近年來，臺灣的廚餘回收量已從二〇一二年的最高峰八十三萬四千五百四十一公噸，降到了二〇一九年的四十九萬八千零四十五公噸，顯示初步收到成效，但要再進展不易。

二〇一五年主婦聯盟參加國際環保會議，發現國際上非常關注「食物浪費」的議題，因此回來之後，換個方式再推廚餘減量。首先推廣「全食物」食譜，開發一些營養豐富卻被當成廚餘丟棄的蔬果外皮、種子等的美味料理，減少浪費。另一方面也推動「醜蔬果」、「格外品」這類只因外表不美，但品質沒有問題的食物能

夠被接納利用，鼓勵餐廳經營此理念，成為「惜食餐廳」，結合環保署綠色消費集

塑膠包裝盒回收困難，許多使用一次後便成為垃圾。（攝影／黃筱哲）

點獎勵活動，鼓勵大眾選擇這些地方用餐。

此外，進行了食物浪費的通路調查，也藉由參與農委會在「亞太經濟合作會議」APEC推動的降低糧食損失多年期計畫，發現臺灣量販店和超市每年的剩餘食物高達數十億元，於是結合媒體，推動政府立法及餐飲業者改善食物浪費。

時任主婦聯盟董事長賴曉芬說：「食物浪費的議題那兩、三年很夯，整個社會普遍就會覺得這是對的，這本來都是老祖宗所說的，就是惜食、惜福，這樣跟文化價值扣在一起就會快，把那個風氣、時勢造起來，它就會主流化。」

任何食物都得之不易，是食物就不要浪費，別輕易讓它變成廚餘。（攝影／許庭耀）

大愛幼兒園的小朋友宣導隨身攜帶五寶：環保碗、環保餐具、水杯、手帕、購物袋。（攝影／柏傳琦）

知福　惜福　再造福

的確，如今最先進的「零垃圾」行動，其實就是最復古的惜福美德和最自然的簡樸生活。

因為，如果人類再不能停止對物欲的過度追求、改善奢侈浪費的習慣、節制對地球資源的消耗，即使「限塑」、「減塑」也只是轉換焦點，無法根本解決問題，這樣繼續走下去，人類面臨到的將不僅是垃圾問題，而是根本的永續生存難題，當人類將生活環境破壞到不適於自己生存的時候，這些自做自受的結果，試想將會是我們承擔得起的嗎？

135 愛地球，很簡單！

「1 筷省水」：

珍惜水資源，一根筷子水龍頭流量。

「蔬食 3 好」：

環境好、健康好、尊重生命好。

「隨身 5 寶」：

杯、碗、筷、手帕以及環保袋，減少使用一次性用品。

是食物就不要變垃圾

——潘俞臻

廚餘是家庭廢棄物的大宗，日常生活產生的垃圾中，剩飯菜、菜葉、果皮、食物殘渣等廚餘，早期約占一般家庭垃圾量的二至三成。農業社會，廚餘多半能找到用途，收集餿水餵豬是一種極為普遍的行為；但當農業衰退、產業轉型、人口都市化，有用的廚餘，逐漸變成無用的垃圾。

廢棄廚餘　化身有機黑金

根據環保署資料顯示，二〇一九年，全臺廚餘回收量超過四十九萬八千公噸，若用廚餘桶堆疊起來約為五千六百九十三座一零一大樓的高度，每人每天約產生一點一三九公斤的廚餘。

廚餘含水分高、熱值低，不適合焚化處理，加上其中的鹽分（氯化鈉）偏高，和塑膠混合燃燒時，容易產生戴奧辛，所以不適合焚燒處理。但若採掩埋方式，廚餘容易腐敗、產生的臭味會吸引蚊蠅，是垃圾場臭味、沼氣及滲出水最大來源，掩埋將造成臭味及滲出水等二次汙染問題。但既然廚餘含有豐富的有機成分，若能回收再利用，不但可減輕垃圾處理壓力，也符合資源永續經營的環保潮流。

致力於環保回收的慈濟志工，處理過程中也看見廚餘的問題，但礙於堆肥需要場地和除臭需要技術，因此無法立即回收。後來臺中潭子慈濟志業園區有一個空間，志工就推舉林淑嬌來著手規畫。二〇〇七年，志工在臺中潭子慈濟志業園區裡的新田環保站，以組合屋搭建「廚餘回收屋」，作為推動、孕育廚餘回收種子的前哨基地。每天，潭子園區、臺中分會、豐原靜思堂負責煮食的香積志工，會依生、熟兩類將廚餘清楚分類收集後，濾掉湯湯水水，再送到廚餘回收屋。

廚餘回收屋內，桌上的大鐵盆堆滿各

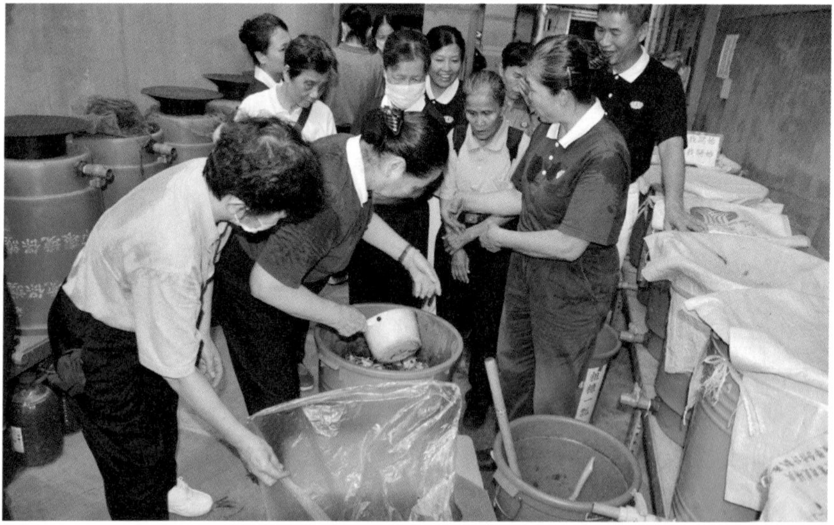

林淑嬌（右一）講解廚餘堆肥製作的細節與方法，由志工劉游美（左二）示範實作過程。（攝影／簡明安）

式廚餘，林淑嬌與一群慈濟環保志工，不惜與臭氣、蟲蠅為伍，所有的人分站兩旁，拿出砧板、菜刀、剪刀等工具，快手快腳地從大鐵盆裡拿出粗大的菜梗、葉渣等，用切或剪成均一大小，約三公分的碎塊，可以加快和均勻後續堆肥發酵的速度。

有機堆肥和液肥，不僅可減少垃圾量，也可用於栽種蔬菜和花木。
（攝影／簡明安）

菌種轉化
成為植物的營養大餐

志工在屋內完成剪、切工作後，再到倉儲區挑定空桶，隨即進入第二步驟——將桶子底層先放上過濾網，鋪上一層粗糠，再放一層菌種（微生物），然後是菜渣，再重複菌種和菜渣，像製作三明治般，一層層依次堆疊，最上層則堆上較厚的菌種和粗糠，至桶子八分滿即可。堆疊完成在桶子外寫下編號及日期，四天後即可打開出水口收液肥，三個月後有機肥就完成了。液肥使用來通馬桶和下水道，是很好的管道清潔劑，若拿來澆菜，就需以一比三百毫升的水稀釋噴灑。

製作過程中菜渣不能切得太細，也需濾乾水分，才能保留一些氣隙空間，讓微生物氧化分解。生食與熟食需分開，把生食放在最底層，熟食放在中間層，再覆蓋生食層。熟食含水量高，若數量多就需要更多的菌種搭配。此外，還有許多需留意的小細節，例如鳳梨皮特別香，酵素也很多，很適合加入廚餘除臭，但若放得太多，廚餘就不容易分解。蛋殼加入雖然不能分解，但具有鬆土的作用；廚餘種類要混合越多樣越好，這樣營養素會更多元。

堆肥過程中產生的液肥，加入大量黑糖水，以一比三百比例稀釋，混合二十一天後就可以做出品質好，最天然又無臭的液態肥料。除了稀釋作為植物的液態肥之外，未稀釋的有機液肥可通水管、馬桶，避免化學藥劑讓管路脆化、汙染水源。志工劉品君分享，曾有人因為辦公室馬桶堵塞，水電師傅束手無策，考慮開挖；他抱著姑且一試的心態，在馬桶內倒入液肥，不多久竟自然通暢，除了省下可觀的整修費，也避免擾人的工程。

而三個月後產生的黑褐色鬆軟有機肥，則可讓經常噴灑化肥的土地恢復生機，種出來的蔬菜碩大又健康，慈濟三義茶園接手之初，因為長期使用化學肥料而硬化的土地，就是利用廚餘有機肥來改善土壤，讓茶樹恢復生機。至今，各地志工仍將製作好的廚餘有機肥料送到三義茶園。而這一桶桶的廚餘「黑金」（堆肥），就是不灑農藥，不施化肥的三義茶園產量和品質保證要素。

不留剩食　吃多少煮多少

新田環保站自二〇〇七年開始推動廚餘回收，三年後卓然有成，參與的林淑嬌和劉品君肩負起宣導教學使命。各地志工來此學習，帶回實做經驗，也陸續在各個環保站推動。

回憶初期實驗階段，劉品君說：「剛

劉品君（左）和林淑嬌（右）示範廚餘堆肥製造方式。（攝影／左圖：鄧和男；右圖：莫偉端）

慈濟中區環保廚餘堆肥處理教室示範教學。（攝影／周士龍）

開始沒經驗，前半年的製作成品都失敗，不僅臭氣沖天，蟲子數量多到驚人，讓志工嚇到腿軟；而且幾乎每個剛進來廚餘站的人都說臭，只有我完全不聞其臭。」經過不斷實驗，志工發現廚餘桶不封蓋，才不會孳生蟲子；發酵過程還要保持乾燥、不能淋雨……不斷嘗試，終於慢慢有所成果，蟲子、臭味也不見了。

林淑嬌笑道：「怕髒、怕臭、怕累的人，可以在廚餘回收實作中改變觀念，為愛地球、垃圾減量跨出第一步；生活富裕、不懂得節約的孩子，也能在參觀、動手做的過程中，體認到把飯菜吃光光的重要性。」

林淑嬌說，早期廚餘都送人拿去餵豬

或飼養家禽家畜，養大了就供人宰殺食用；現代社會回收廚餘，應該有更高一層「愛護生靈」的理想。把廚餘做成有機堆肥，可以栽種有機蔬菜，是植物最天然的肥料，液態肥更是最佳的『通樂』兼除臭劑，還有植物性的回鍋油可以用來做環保肥皂，化無用為大用。

其實政府早在二〇〇一年即推行廚餘回收，至今全臺各縣市的垃圾車上，皆設有廚餘回收桶，作為飼料或製作有機肥，但回收率仍有待改善。志工衷心期待，愛地球從自己做起，回收廚餘製作堆肥並不難，只要人人開始動手做，就可以減輕地球負擔。

不過，真正的廚餘減量還是要從源頭做起，「不用、少用、勤回收」，而不是每餐剩下大量的剩菜、剩飯來回收做堆肥。如果能真正做到「清淨在源頭」，落實吃多少煮多少，不產生剩食，也不浪費食材，才是真環保。

儉約生活「夠用」就好

——吳瑞祥

在現代都市炫麗夜景的背後，隱藏著奢華浪費的環保危機。（攝影／蕭耀華）

「回歸儉樸生活」的呼聲，近半世紀來在國際間方興未艾，就如證嚴上人常說的，每個人在消費之前，是否應該要先想一想：「這真的是我生活上所『需要』的嗎？或只是我的『想要』？」

或如日本暢銷作家山下英子女士所提出的「斷捨離」理念——我們是否應該「斷絕不需要的東西、捨棄多餘的廢物、脫離對物品的執著。」

臺灣因為能源極度依賴石油，每人二氧化碳排放量是全球平均值的近三倍，處於全世界的後段班。如此下去，我們不僅破壞環境，甚至是透支子孫的未來。這也就是臺灣師範大學環境教育研究所張子超教授提醒大家的：「不要只想到你自己，還要想到未來世代！」

坐擁錢海　人生又如何？

曾在知名國際金融機構工作、每天與「錢」共舞的林蔚綺認為：「溫室效應起於人類的貪婪，貪婪則是以經濟發展為前提，所刺激出來的欲望。要改變這種經濟型態，應該要從人心開始改變。」

過去的她，每天早上九點到下午五點，都需要緊盯著亞洲匯市、債券市場動態，下班以前看歐洲市場開盤，晚上則不能錯漏美國華爾街股市的狀況；同時透過網路觀看全球財經新聞到半夜，隔天早上起床還要關心美國金融市場的收盤情形。

長時間又高壓的工作，讓林蔚綺與先生柳宗言總覺得工作之餘，應該要好好地犒賞自己——不僅開豪華進口車，還經常上五星級飯店吃晚餐，逛百貨公司購買高貴的名牌服飾與科技產品，每年至少安排一次的國外旅遊……努力賺很多錢，然後努力消費，他們認為這樣就是紓壓、也是促進經濟景氣的好方法。

幾年之後，已經心靈過勞的他們，除了優渥的收入支撐著他們繼續在「錢海」中工作，出國旅遊已經達不到工作減壓的效果；每每從國外收假回來，回到工作崗位反而像個洩了氣的皮球，更是無精打采。林蔚綺反思：「在職場上所看到的價

柳宗言和林蔚綺從物質世界回歸內在的心靈世界，讓他們覺得生活更富足。
（提供／林蔚綺）

值觀，和我本身的不太一樣，工作對我來說，開始產生困惑和壓力。」

二〇〇六年三月，林蔚綺向公司請了假，到花蓮慈濟醫院當志工。拋開豐裕的衣食享受，晚上她住進靜思精舍，和別人一起穿制服、睡通鋪，過著簡約的團體生活，並學著以無所求的心服務病人。短短五天，鉛華落盡、無欲無求的清平生活體驗，讓她看到人生的另一種可能。回家之後，她和先生一起嘗試改變生活，如果有人問起她的改變，林蔚綺會告訴對方：「證嚴上人說，物質欲望向下比，精神道德往上提。我相信這是比較健康、比較幸福的生活方式。」

體悟人生真正的價值，林蔚綺有空也會投入環保回收的工作。（攝影／黃思佳）

清貧生活　找回自我

改變人心，要從改變生活態度開始。日本二戰之後社會逐漸復興，開始走向大量生產、大量消費的風光經濟發展，那段時間裡，不論是商人或旅客，見面說話都離不開錢，社會上瀰漫著一股錢財才能決定人的價值的風氣。然而，隨著泡沫經濟的崩解，有形資產價值迅速下跌，許多人已無法維持既往的奢侈生活，生活形式面臨重大的改變。日本作家中野孝次於一九九二年底開始提倡「清貧思想」，推崇簡樸生活，強調必須改變個人的消費行為，才能獲得真正的幸福人生。中野孝次說：「清貧不等同於赤貧，而是根據自己的思想與意志，積極地實踐簡單的生活型態。」

就如一個幾萬元的名牌購物包和一般的環保袋，功能類似，價格卻天差地別；同樣道理，普通的洗髮精和高檔的洗髮精，洗淨的效果其實也差不多，為何一定要追求那樣的奢侈品呢？曾任加拿大皇家銀行經理、美林證券公司財務顧問的謝景貴認為，當前社會追求經濟成長，以消費和生產為指標，用廣告刺激民眾消費欲望、不斷消費；其實已經大大超出了生存基本的需要，往「貪」的方向發展，因為「經濟成長」是以有限的地球資源來應付無限的貪欲；當地球資源消耗殆盡，將危及人類生存，無疑是在慢性自殺。

二〇〇八年，人類貪欲的累積終於引發美國次級貸款風暴，產生襲捲全球性的金融危機，著名的雷曼兄弟大型跨國企業應聲倒閉、冰島政府也相繼破產，過去以錢滾錢的連動債效應，如骨牌般接連傾倒，

藍色那兩張面額一百兆的辛巴威幣已不能通用，市值不到一美元，不過在很多人眼裡仍是寶，畢竟它是世界上最大面額的鈔票（紙鈔）。（攝影／林炎煌）

讓投資人瞬息間一無所有。經濟景氣低迷下，各行各業陸續裁員，各國失業人口快速攀升。證嚴上人憂心全球正陷入經濟恐慌，人心惶恐不安，再度倡導「克己復禮」、「清平致福」的新生活，期望人人能重新反省自我的生活，找回人人本具的清淨本性，踏實過生活，清淡過難關。

有一缺九　才是真正的窮人

生活，不求多，「夠」就好。德式馬企業股份公司董事長黃華德說，做為一位企業經營者，過去他也和大部分同業一樣，汲汲營營在財富數字的累積，計較金錢、土地、不動產、利潤的多寡。但投入慈濟後，多次聽到證嚴上人開示，提到財富只是工具，用得對，對員工、家庭、社會甚至全世界都有幫助；用不對，可能身敗名裂甚至造作惡業。

加上參加急難賑災時，他看到許多受助的對象，即使居住在「月點燈、風掃地」

的簡陋房舍中，依舊笑容燦爛，讓他感到很慚愧，內心自問：「如果生活在同樣的環境下，我能不能有那樣單純的笑容？」頓時體悟到：「一個人擁有財富多，但煩惱也多；真正能讓人幸福的，其實是『心靈的財富』。」

後來黃華德和四位企業家志工共同創辦大愛感恩科技公司，他們正是證嚴上人所描述的「富中之富」典範，因為「富中之富者，是富有物質，更富有愛心。如企業家開展事業，安定許多人的家庭生活，也將有餘的財富為社會、為人群付出。知道如何運用有形物資助人，心靈富足才是真富有。」

相較於「富中之富」，另一類「富中

二〇一九年第五屆慈濟論壇探討「全球防災與永續經營」，大愛感恩科技董事長黃華德（左）與慈濟基金會顏博文執行長共同呼籲力行環保。（攝影／顏福江）

之貧」者，「有一缺九——擁有十就想要一百，有了一萬更想要十萬……因為永遠覺得不夠；不夠，就是缺乏，這是心靈的貧窮。」

為了讓敘利亞難民的孩子能安心讀書，慈濟人文志業中心發起為需要的人「儲蓄幸福」活動，黃華德董事長（右）也積極投入推動。（攝影／蕭嘉明）

大愛感恩科技董事長黃華德（左）手持環保圍巾，執行董事李鼎銘（右）手拿環保毛毯，邀請眾人共同守護大地。（攝影／蕭嘉明）

一個人要成為「富中之富」，或是「富中之貧」的人，完全在於自己的選擇；然而，證嚴上人認為，「布施不是有錢人的專利，而是有心人的參與」。因此，貧窮的人一樣也能過好生活，那就是「貧中之富」的人生，就如許多環保志工一樣，他們的生活不一定很富裕，許多人要天天辛勤工作才能維持生活，但他們愛心充足，仍願意盡一己之力奉獻社會、幫助更窮困的人。生活雖然簡樸，但心靈卻富足而快樂。

因此，如果生活已經過得很不好了，還一直想要享福，還在浪費，永遠想要依靠別人的幫助生活，那就真的是「貧中之貧」的人了。這樣的人雖然需要先濟助他，改善他的生活，但必須導以循循善誘，轉化他的心靈，建立起尊嚴和自信心，相信自己也有能力幫助別人，如此才能真正翻轉人生。人生本來就不同，但要撰擇成為「富中之富」、「富中之貧」、「貧中之富」、「貧中之貧」的人生，卻完全掌握在每個人自己的手中。

餐餐八分飽　二分助人好

二〇〇八年五月初，緬甸伊洛瓦底江三角洲（Irrawaddy Delta）沿岸城鎮遭受強烈熱帶氣旋納吉斯（Cyclone Nargis）襲擊，造成十三萬人死亡，百萬人流離失所，數百萬畝耕田泡在水中。慈濟取得緬

▶二〇一八緬甸遭逢雨季接連發生水患，導致中南部稻田作物被毀；臺灣、馬來西亞及緬甸三地志工組成稻種發放團，展開連續十天發放，改善農民生活。
（攝影／蕭嘉明）

◀住在緬甸仰光丹茵鎮達那秉村的烏丁屯（U Thein Tun），由貧農翻身，耕作時對農田說好話，堅持行善助人，日捐一把米的「米撲滿」美名不脛而走，帶動很多農人跟進。
（攝影／蕭耀華）

甸政府准許前往義診、發放物資，當年七月更致贈稻種，幫助重災區農民盡速恢復生機、展開重建。

位於礁旦鎮（Kyauktan）的烏櫻村，為慈濟贈送稻種區域之一。緬甸農民烏閔壽有七英畝田，領到七包稻種（每包約三十三公斤），隨後又拿到慈濟給的肥料。復耕後，慈濟的稻種讓他連兩年豐收，得以償還前債。

然而，布施不是有錢人的專利，而是有心人的參與。當烏閔壽了解慈濟於一九六六年成立後，靠著三十位家庭婦女日存五毛買菜錢的「竹筒歲月」，開始從事慈善濟貧的工作，讓他也想要學習這樣的精神。

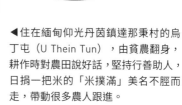

緬甸仰光岱枝鎮瑞那滾村因慈濟發放稻種的因緣，村民烏善丁（U San Thein）參加志工培訓後，被慈濟竹筒歲月精神感動，發心存米撲滿，並走遍全村去分享如何存一把米幫助貧困的人。（攝影／王棉棉）

雖然要養活家中十口人，實在沒有多餘的錢可以捐獻，但烏閔壽每天煮飯前先抓一把米放入旁邊的米桶中，全家少吃一點，累積一定數量就賣掉，所得用來布施助人。這樣的做法，透過口耳相傳，鼓勵了災區許多農民，紛紛前來學習烏閔壽助人的精神，每餐少吃一點，點滴節省下來的米，即使是貧農，一樣也有能力行善助人。

二〇〇八年，納吉斯風災時，正值全球金融危機。當得知烏閔壽的故事後，證嚴上人也呼籲全球慈濟人，要效法緬甸貧農的善舉，「日食八分飽，二分助人好」。二〇一〇年起，又遇上國際糧價大幅上漲，民生負擔加重，許多國家的人民走上街頭抗議，加上極端氣候導致農作歉收、糧價持續飆升。證嚴上人再次呼籲眾人「餐餐八分飽、二分助人好」，每餐吃八分飽就好，省下的兩分可以用來布施，幫助苦難人。

以生產螺絲扣件聞名國際的安拓實業董事長張士火，與臺灣人工牙根第一品牌的全球安聯，響應「餐餐八分飽、二分助人好」，公司在二○一二年初舉辦的年終尾牙中落實「少一道菜，多一分愛」，將省下的經費轉做為一千支人工牙根，捐助給弱勢民眾，讓經濟狀況無法負擔者，也能有機會好好地咀嚼，健康攝取飲食。

能將自己的有餘，分享給其他不足的人，因為他不僅生活無虞，心靈更是富足，就是世間最富有的人。世間的禍端多是因人的貪念而起，人若能安分守己，不貪就會心安；即使所擁有的不多，勤儉也能起家，並且減緩全球暖化的速度，調和氣候，讓大地平安，我們也生活得心安。

受助戶歡喜領取三包大米，手中米撲滿可以響應日存一把米助人。（攝影／慈濟基金會）

烏閔壽（U Myint Soe）的女兒，每天煮飯前，都會從要煮的米中抓起一把米存放在陶甕裡，等集滿再送去捐贈。
（攝影／蕭耀華）

清淨在源頭 五寶跟著走

——黃湘卉、莊玉美

日常生活中，民以食為天，加上繁忙的現代生活，為了方便，我們在飲食上所消耗的一次性物品，事實上是環境汙染的主要來源之一。一九九四年，證嚴上人全面推動環保餐具，呼籲人人隨身攜帶環保碗、環保筷、環保杯。從此之後，環保碗、筷、杯成為慈濟志工出門必備的配備，被稱為「隨身三寶」。

出門必備環保五寶

然而，使用未經特別設計的環保餐具出門，總是不甚方便，加上當時外面店家使用的一次性免洗竹筷不環保，也曾經被檢測出含有過量的二氧化硫易傷害人體，證嚴上人便委請發明家志工沈順從研發可隨身攜帶的環保筷。沈順從說：「上人要求很高，材質要耐用又要環保；設計要簡單，使老人小孩不用教就會用；另外，又要看來順眼美觀。」他苦思了一年多，經過無數次的設計，終於獲得證嚴上人的肯定。

二〇〇五年，沈順從的環保筷一問世，就在臺北國際發明展得到金牌獎。它的材質為耐用不鏽鋼，方便收納清洗，收縮後長度僅十三公分，可輕易攜帶，但只要按壓筷頂，即彈出伸展達到二十三公分使用，優越的特質，立即在全世界行銷百萬套。而且沈順從最得意的是，他曾經帶著這雙環保筷到日本旅遊，在一家店裡吃拉麵，老板看了他的環保筷十分神奇喜愛，立即希望他能讓售，後來他就用那雙環保筷抵銷吃麵的價錢。

隨身攜帶的環保餐具越做越環保和便利。二〇一九年設計的「淨斯唐風新食器」，以特殊矽膠製成，包含杯、碗、盤、筷子，可以折疊收納，非常方便攜帶。（提供／慈濟基金會）

適合隨身攜帶的環保筷，搭配特別設計，耐高溫、密封的環保

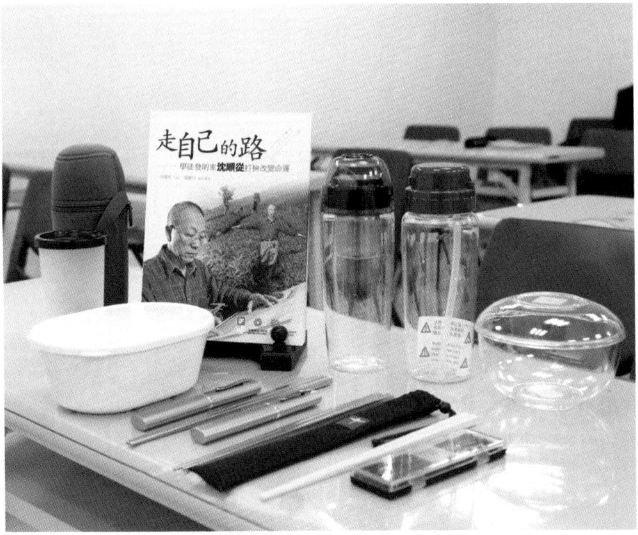

慈濟環保餐具發明設計者沈順從，分享投入設計環保產品的心路歷程及其著作《走自己的路》。（攝影／康和村）

杯及環保碗，後續加上環保袋、手帕，慈濟志工的「隨身三寶」，進階為「環保五寶」（環保杯、環保碗、環保筷、環保袋、手帕），大量減少使用一次性用品的消耗。

近年來，隨著社會上減塑的風潮和環保材料的進步，慈濟也將原本塑膠製的環保餐具，創新為可摺疊收納、具有專利設計的矽膠製品，如俄羅斯娃娃般將碗、碗蓋、杯子、杯蓋、筷子、筷架、菜盤七件一層層收納在一起，更加容易攜帶，也更加耐熱和耐冷，不會釋放有毒物質。

讓環保餐具變得更方便，提高大家攜帶的意願，減少使用一次性用品，就是這些環保餐具設計人最大的心願。

急難救災　也要環保

環保餐具可以隨身攜帶，也可以在急難賑災的環境中使用。慈濟志工長期投入急難救助，早期因為救災的緊急性，以及災區的環境限制，賑災時仍無法排除紙類餐具的使用。但二〇〇一年發生納莉風災，當時慈濟環保已推動十年，證嚴上人即鄭重叮嚀，要求志工在急難之中，也務必要做到環保，於是開啟了慈濟急難救助全面採用環保餐盒、環保杯、環保筷的階段。

位於臺北市內湖區的慈濟聯絡處，是納莉風災時賑災便當供應的中央廚房，在風災期間每天至少供應六萬個素食便當，賑災前八天就已供應受災民眾六十六萬一千零三十八份餐點。一場大型賑災下來，少用一次性用品，加上供應素食餐點，節能減碳的環保效果是相當驚人的。

為了達到使用環保餐具，減少一次性用品的消耗，志工在救災時，使用的環保餐盒必須先清洗、消毒，在救災人員或災民使用完畢後，再由志工回收清洗、消毒，循環利用，就算過程再麻煩也堅持不用一次性免洗餐具，甚至在救災送出最後一餐時，就將環保餐盒送給災民留作紀念，順便向救災人員、災民推廣環保理念。二〇一四年

二〇〇一年納莉風災，慈濟志工在內湖連絡處中央廚房準備熱食賑災便當，需求高峰時，一天要做六萬個便當，為求不浪費紙便當盒，從該次風災之後，慈濟賑災即改用可回收使用的塑膠餐盒。（攝影／顏霖沼）

社區志工在內湖中央廚房合力煮熱食，每日提供六萬多份的便當。（攝影／顏霖沼）

高雄氣爆，當地斷水、斷電，甚至有民眾因為氣爆陰影不敢開瓦斯煮飯，慈濟志工為有需要的災民提供素食便當，最長為期三十一天，共供應了八萬多份便當，全程皆使用環保餐盒，不僅暖了大家的胃和心，同時也展現出對環境保護的一份承諾。

二〇〇九年莫拉克風災，慈濟志工手拿環保餐盒裝熱食提供給受災鄉親。（攝影／蕭耀華）

傳統廟會　跟上潮流

每年農曆三月開始的大甲媽祖遶境，是臺灣民間宗教界的一大盛事，來自各地的十餘萬信徒組成聲勢浩大的進香隊伍，沿途經過中部沿海臺中、彰化、雲林、嘉義四縣市，歷經九天八夜，過程中光是準備近萬人的午餐，就必須耗費相當多的免洗餐具。

二〇〇四年，慈濟志工洪利當心想：「洗一個碗，就能減少用一個免洗碗筷。」於是他帶領臺中港區慈濟人結合企業社團，在現場提供環保碗筷，並設置洗碗區，讓香客隨時有乾淨的碗筷可用，減少使用免洗餐具，有效達到垃圾減量。

累積了幾年的經驗，洪利當更有信心地向遶境附近商家宣導使用環保餐具，再請志工協助洗碗；而他個人進一步往南行在彰化也設置「發碗區」，鼓勵信眾使用環保餐具，也獲得廣大迴響；如今大甲媽祖遶境所經之臺中、彰化、雲林、嘉義四縣市的慈濟志工，已經把這當成「使命必達」的本分事，每年都會自動協助發放環保碗筷，愛護地球環境。持續至今，只要各地廟會有活動，洪利當都會前往傳承經驗，甚至曾遠到屏東去。

臺南市安南區土城鹿耳門聖母廟也有

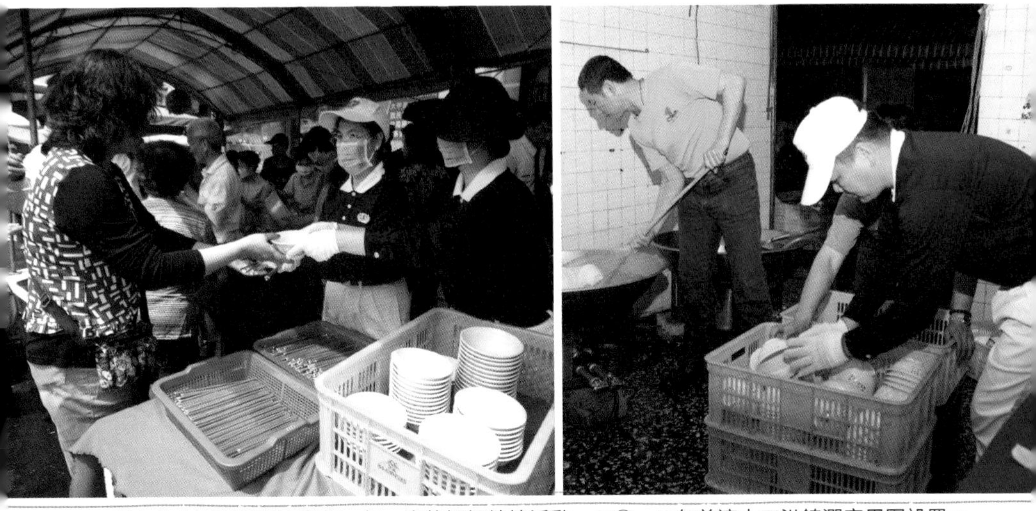

臺中市大甲區鎮瀾宮舉行一年一度的媽祖繞境活動。二〇一二年慈濟志工沿鎮瀾宮周圍設置二十個環保點，進行全天候的資源回收及宣導工作，並準備了一千五百份環保碗筷供信眾使用，向大眾勸導使用環保碗筷及蔬食環保救地球的觀念。（攝影／洪利當）

三年一度的祈安香醮大典，遶境期間，廟方會在餐廳免費供應素食自助餐。用餐人數龐大，加上餐廳的工作人員有限，僅能提供一次性餐具讓大家使用，衍生垃圾問題。慈濟志工周淑茹曾看到大甲區媽祖遶境的環保新聞，便邀志工黃惠珠一起積極向廟方建議改用環保餐具，但廟方人力有限，也無經費添購，於是兩人決定承擔起這項任務，從環保餐具的尋找到後續的清洗、消毒皆由志工們來支援，並向出租宴席碗筷的杜姓慈濟會員及慈濟臺南分會免費借用環保餐具。從二〇一二年的香醮大典開始，就解決了聖母廟廟會時的一次餐具問題。

延續聖母廟成功的經驗，黃惠珠再將環保碗筷的經驗推動到臺南西港區慶安宮的王爺巡遶活動，慶安宮的香路巡遶，經九十六村鄉，範圍涵蓋現今西港、七股、佳里、安定及安南等地，有「臺灣第一大香路」之稱。從二〇一二年開始，經過二〇一五、二〇一八年，已經成功進行三

臺中大甲媽祖遶境回鑾行經彰化縣花壇鄉福安宮，慈濟志工於福安宮周邊設置資源回收分類站，向民眾宣導環保分類。」（攝影／鄭春金）

次。

「每次看到廟會完後，垃圾堆積如山，心就會很痛！」黃惠珠認為與其在背後做資源回收，不如直接推廣使用環保餐具用餐，讓寺廟慶典也跟上環保的腳步。

國際馬拉松　挑戰無痕環保

二〇二〇年是「世界地球日」五十週年，國家地理連續第十四年響應「世界地球日」，也是第八年舉辦路跑活動，八月九日於總統府前廣場、大佳河濱公園熱鬧舉辦，吸引上萬名路跑愛好者參加。主辦單位特地結合慈濟基金會共同在大型活動中推廣蔬食無痕、環保互動的理念。

為此活動，慈濟基金會已率先透過網路，號召近百位青年共同報名響應，鼓勵年輕人親身參與公益行動，實踐慈善助人的利他行為。這天，青年們穿上志工背心，共同協助慈濟志工一起達成大型活動中，不使用一次性製品的目的。在飲用水方面，慈濟志工準備五百箱飲用水，供參賽者自備水壺來取用，整場活動下來一共用了三百六十六箱，每箱約二十公升，共約七千三百二十公升，如果以一般六百毫升的寶特瓶計算，總共省下一萬二千二百支寶特瓶！

「行動廚房」開進會場架設，就地烹煮以減少食物運送的碳排放量，青年志工協助分裝，並親切引導參賽選手領取；

慈濟志工現場提供茶水、香積飯、水果為超過五千名參賽者補充能量，參賽者也使用隨身環保杯裝茶水，不使用一次性製品。（攝影／曾玉麟）

第一批選手準備起跑，起跑時人與人彼此距離較近，跑者都遵守規則戴著口罩。（攝影／羅景譽）

「蔬食無痕展區」，除了呼應大會的環保主題，大力宣導「拒絕使用一次性製品」，所有活動的慈濟供餐，均準備足量的環保碗、筷。青年志工張彤宇在會場中幫忙遞環保餐盒，並提醒參賽者回收餐具，她說：「可以減少一次性垃圾，讓大家知道環保碗筷，其實也是很方便，吃完後洗一洗，隨身可以帶著。」參賽選手李霈菉稱讚：「這是我參加過最環保的一次路跑賽事。」

已經參加路跑活動十幾年的孫明諒提到：「之前如果是餐盒，可能有很多塑膠袋、紙盒、塑膠餐具。」

他第一次看到路跑活動現場出現環保餐具，「大家可以吃得很健康，吃完後又不會怕汙染環境。」這次現場慈濟總共發放約五千九百份慈濟研發的蔬食香積飯（加水即可食用的乾燥飯），若以每份蔬食餐為地球減碳七百八十克計算，共約減碳四點六公噸。

另外，主辦單位也做到不提供打包袋，並且將成績證明電子化、摸彩券電子化、賽道補給站使用可重複使用之餐盤等等，期待透過這次活動的環保體驗，讓與賽者能願意落實到生活中，達到保護地球的目的。除了提供無痕蔬食，慈濟志工也在現場進行資源回收，共回收鋁罐一百一十六公斤、紙板約九百公斤，將這些資源回收再利用，避免淪為垃圾被丟棄。

其中，現場最令人吸睛的裝置藝術，是由慈濟志工周秀琴環保創作「鯨魚的眼淚」，她說，創作發想來自於海洋占地球

國家地理頻道舉辦路跑，青年志工服務跑者。
（攝影／許登蘭）

百分之七十的面積，而鯨魚是大型海洋生物之一，但近年常常看到關於鯨魚死亡後解剖發現，腹中有許多塑料製品，因此製作「鯨魚的眼淚」作品，要讓大家了解保護海洋環境的重要，而製作的所有素材均為環保回收而來約七百支寶特瓶，活動結束後仍可拆解回收再利用。

常以各種不同角色扮演參加路跑的陳志杰，這天以熊大身份參加國家地理路跑四公里路程。參加超過一百場路跑，而且都自帶水杯的他表示，常參加路跑的人，通常會自帶水杯，因為一場活動下來，如果都用拋棄式水杯，一個人一場需要使用五至六個水

志工規畫「蔬食無痕展區」，向大眾宣導資源回收的種類，與正確的回收觀念。（攝影／顏福江）

杯，幾千人甚至幾萬人的路跑，如果大家都亂丟，消耗是很可怕的。

根據環保署的統計，臺灣每年約用掉十五億個飲料杯，這個數量大約是臺灣人口的六十五倍，造成大量浪費資源，若以一杯一塊錢計算，一年更浪費了十五億元在這種一次性的容器上。

一場萬人無痕環保的挑戰，讓大家體驗到，不用一次性容器，不是不可能，而是在於願不願意去做到！

周秀琴製作「鯨魚的眼淚」作品，希望讓大家了解保護海洋環境的重要，製作的素材均來自環保回收，約需七百支寶特瓶。（攝影／蔡麗瑜）

花蓮慈濟科技大學校門口景觀。（攝影／慈濟基金會）

沒有垃圾桶的生活怎麼過？

——莊玉美、許淑椒

你能想像，有一所二千多名師生的學校，除了廁所裡面，公用區域不設置任何垃圾桶，宿舍也沒有聘雇清潔人員，都是由同學自行打掃，卻能夠維持整個校園環境幾乎看不到垃圾？

不用懷疑，這就是慈濟科技大學，創校三十多年來全校師生共同打造的生活環境，在校園中落實資源回收，並且推動環境教育，讓環保在這裡不僅是一種理念，更是生活，甚至是畢業生出社會後，可以隨身帶著走的良好習慣，成為未來人生的寶貴資產。

環保　從生活開始

慈科大總務長魏子昆認為：「環保要從生活習慣去養成。大專院校的孩子很有自主性，你跟他講一，我為什麼要一？」魏子昆跟同學座談時，都會提醒學生把學校當成自己的家：「如果這是你的家，你會讓這個家垃圾滿地嗎？」所以，學校的環保教育，都會強調要從生活中做起。

從新生訓練開始，學校就會向新生介紹環保生活的理念，校園中活動及餐廳不提供一次性餐具及包裝飲用水，均自備環保碗、環保筷、環保杯。而且第一年都會安排到環保站實際投入體驗資源回收的過程，看到環保站中琳琅滿目的回收物，如果再遇到一些髒臭沒處理好就送過來的東

慈濟科技大學展開歲末校園大掃除，師生一起打掃校園，讓學校煥然一新。（提供／慈濟基金會）

西，同學們通常都會對自己平日浪費和汙染環境的生活方式深有體悟。

學務長牛江山回想當初剛從西部過來之後，對於使用環保餐具也不太適應，也沒想過資源回收可以分得這麼細。他去過環保站後，了解到如果前端沒做好，後端會處理很辛苦之外，甚至有些可回收資源就被焚化了，很可惜。他現在會把洗衣服、洗澡、洗菜的水留下來，將這些水拿來沖馬桶、洗地板、澆灌，雖然不方便，但習慣養成之後，他就覺得是理所當然。

因此，慈科大從創校以來就有一項特別的傳統，就是每天早上師生會共同打掃教室，宿舍也是由學生自行維護，不聘雇清潔人員，這樣的傳統，無形中養成大家維

慈科大五專一年級學生至中央路環保站實作資源回收。（提供／慈濟科技大學）

慈濟科技大學舉辦二手腳踏車拍賣，不但響應環保，也傳達惜福愛物的觀念。慈科大總務處同仁免費為購買二手車的同學上鏈條油。（提供／慈濟科技大學）

護環境整潔的良好習慣，因為亂丟垃圾，會被其他同學指責；而且將心比心，也會不好意思破壞別人努力維護的環境，所以自然形成一種良好的生活氛圍，偌大的校園中，幾乎看不到任何垃圾。而且整體環境越美觀、潔淨，也就越沒有人敢嘗試去破壞。

環保教育的推動上，牛江山特別強調「境教」的重要性，他認為：「孩子如果走進垃圾堆，他一定是亂丟垃圾，因為環境就是垃圾，隨便丟沒有人能看得出來，但是你走進乾淨的校園，他如果丟了一張垃圾，整個乾淨度就被破壞了，所以我覺得環境的影響還是很大，也許孩子沒有感覺，但是它就是融入在生活當中。」

因此，即使校園中沒有設立垃圾桶，宿舍也沒有聘雇清潔人員打掃，也不用擔心校園會變得髒亂，因為這種無形的「境教」氛圍已經形成。

惜福愛物　垃圾減量

然而，只要是有人生活，難免就有垃圾，學校又是如何做到讓垃圾減於無形呢？

校方將垃圾分為：「資源回收」、「一般垃圾」及「廚餘」三大部分。資源回收的部分，校園中設有「惜福屋」（資源回收室），依回收物分門別類讓師生隨時放置，同時也讓有需要的同學們，可以用很便宜的價錢，從惜福屋中購買自己所需要的東西，例如學長姊不用的教科書、回收腳踏車等；甚至回收的制服。不過這部分校方顧及到同學們個人隱私的考量，只放置在學生宿舍的舍爸、舍媽處，若有需要的同學可以私下前往丈量尺寸，取得所需的服裝。

惜福屋的設立對於慈科大學生的助益頗大，讓校內許多弱勢家庭的學生可以減輕生活負擔，收入也回饋給全校師生共享，主要用於圖書館藏的採購等用途。

落葉和廚餘都回收管理，落葉集中至堆肥場，採自然發酵法將廢棄物化作成肥料，校園內亦設有汙水處理場，處理出來的汙泥，檢驗結果仍十分乾淨，無重金屬汙染，可以與腐熟之堆肥成為校園內植栽綠美化最佳的有機肥；處理過的汙水，也可以充分利用，提供校園植物澆灌。

至於真正的廢棄物「一般垃圾」，則由個人暫時收藏，每天固定的時間才能拿出來丟棄，讓垃圾車載走。這樣種種丟棄垃

慈濟科技大學的回香窩二手書屋全年開放，還是以誠實為本的無人商店，學生自行取書、結算金額並投幣結帳，完全不經他人之手，讓學生倍感信任。（攝影／慈濟科技大學）

慈濟科技大學的回香窩二手書屋全年開放，還是以誠實為本的無人商店，學生自行取書、結算金額並投幣結帳，完全不經他人之手，讓學生倍感信任。（攝影／慈濟科技大學）

圾的小小「不方便」，反而可以適度約束每個人，成為減少浪費的動力。呈現在慈科大每一位師生身上的就是每人每月一般廢棄物的產出，遠低於社會上的平均值。

一〇一學年度全校垃圾量為八萬五千公斤以上，之後開始逐年減量，至一〇六學年度時已減至五萬五千零七十一公斤，與一〇一學年度做比較，減量百分比已達到百分之三十七，顯示推動效果良好。一〇七學年度平均每人每月一般垃圾產出量為一點五六公斤與全臺一般平均約十五公斤差距極為顯著。

長年在學校開設環保課程的陳瀚霖老師認為，學生就是種子，環保的理念撒下去，如果他未來還想要了解更多，他自己就會去找答案，重要是我們透過教育啟發他的心，了解怎樣做可以真正愛地球。

醫院節能　想方設法

慈濟學校致力於環保教育，慈濟醫療體系，也一直積極朝向建構綠色醫院而努力，例如全臺七家慈濟醫院園區內的步道全部鋪設連鎖磚，讓大地能呼吸，雨水得以回滲到地表，達到保水功效。而臺中慈濟醫院於二〇一三年獲內政部「銀級綠建築標章」，大林慈濟醫院及臺中慈濟醫院亦建置並啟用太陽能光電系統，作為再生能源外。讓醫院不僅是提供健康服務，也能對環境友善。

連鎖磚代替水泥路面，可以滲水，也讓大地可以呼吸。
（攝影／游彩霞）

臺中慈濟醫院建築屋頂及路燈皆裝置太陽能集熱板等節能設備。
（攝影／林炎煌）

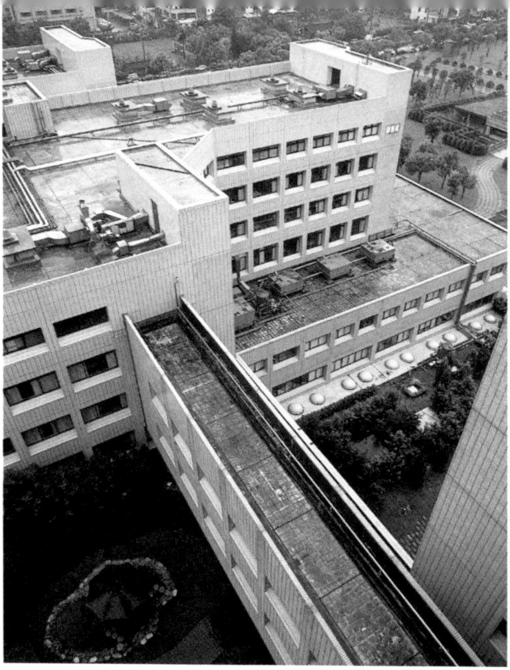
雨水回收系統，透過建築物的高低落差，讓高層雨水集聚至低樓層，經沈澱、過濾、儲存後，作為景觀澆灌與清洗用水。（攝影／顏霖沼）

如何打造一個環保綠能的醫院？臺北慈濟醫院工務室楊明崇表示：電力方面有百分之五十一是空調，照明占了百分之三十五，其他的醫療儀器才百分之七，醫療動力ＭＩＣＴ才百分之八。要節約這些電能又不能影響醫院正常運作，得想方設法看還有沒有哪些地方可以再節省能源，或減少碳足跡。

將醫院裡使用的電腦設定「休眠」及「待機」狀態，以每日每部電腦預估可節能二小時。依此推估，一千部電腦每日可省電費約八百四十元；一個月累積下來，則可節省二萬五千二百元。並且降低冷氣的用電，鼓勵人人多爬樓梯，少搭電梯。

但是，這些都是一般醫院能做的方法，完備之後，要想再降低能源的消耗就非常困難了。不過，二〇一九年臺北慈濟醫院工務室同仁卻透過細心觀察，發現整合不同蒸氣需求時段，調整幾臺蒸氣鍋爐彼此之間持續運作的時間差，可以將鍋爐重覆

臺北慈濟醫院趙有誠院長將蔬食餐券贈予外籍照顧者，邀請茹素。
（攝影／左圖：臺北慈濟醫院，右圖：許金福）

開關的次數降到最低，以及更換一臺已符合需求的較小鍋爐替代，一年內竟然能夠可以減少消耗五萬四千公升、將近三輛半油罐車的柴油。

楊明崇開心地表示：以綠基金的碳排放公式計算，二〇一九年臺北慈濟醫院合計減少了四萬零二十一公斤的碳排放量，以每棵樹七十八公斤，就減少了五百一十三棵樹的負擔。

除了油電的節用之外，臺北慈院也有水資源回收再利用，包含雨水、RO水、冷卻水塔、鍋爐反洗排水回收、汙水處理廠中水回收系統，於二〇一八年回收及再利用的總水量達四萬七千九百六十八公噸，水回收再利用占總水量百分之十九點八。

而為鼓勵人人要吃出健康、吃出環保，慈濟各醫院皆積極推動蔬食減碳活動，並由專業營養師調配符合病人及民眾健康的蔬食餐點。依據臺灣環境保護署於二〇一二年所發行《低碳生活資訊手冊》，以每人每天零點一二公斤肉類攝取量計算，如果一天一餐改吃蔬食，就可以減少排放零點七八公斤二氧化碳。臺北慈院張亞琳營養師指出：以臺北慈濟醫院九百多個病床的訂餐率百分之四十來計算，一天就有三百六十位訂素食三餐，換算下來一年就能減碳三十萬七千四百七十六公斤，接近一座大安森林公園每年二氧化碳的吸收量（三百八十九公噸）。

環保由 Koko 來代言

要落實環保，教育是不可忽視的重要一環。二〇二〇年為慈濟環保三十週年，慈濟基金會特別打造「慈濟行動環保教育

志工邱長梅帶領安親班學生深入認識環保的重要性；小朋友體驗踩腳踏車發電。（攝影／洪利當）

慈濟志工施雪鳳向來賓推廣環保五寶隨身帶的理念。（攝影／許金福）

志工引導民眾進行環保遊戲，讓參與民眾從中增加環保知識。（攝影／鄭榮華）

車」，可以開到全臺灣各地巡迴推動環保教育。這部環保教育車是由兩個四十呎的二手貨櫃打造而成，為了充分利用綠色能源，在上頭裝設太陽能板，每片太陽能板的發電是一百瓦，供應內部所需要的電源；在貨櫃屋上方塗上一層白色隔熱漆，讓它成為白屋頂效應；而內部沒有安裝空調，透過水霧機定時定量噴灑水霧，來降低周遭的溫度。

這次活動與「美國大猩猩基金會」合作，主角是一隻大猩猩 Koko，慈濟志工張懿說：「透過美國，他們協會授權給我們使用，上人說 Koko 就代表大自然對人類的一種警惕。」

Koko 於一九七一年七月，生於美國加州舊金山動物園，會一千個人類手語；二〇一五年巴黎氣候峰會中播放 Koko 用手語表達對地球的愛與關心，以及對人類呼籲的影片。Koko 對氣候變遷這個議

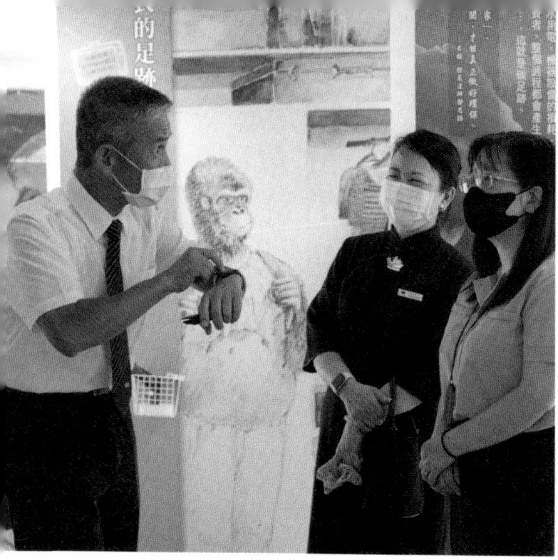

「慈濟行動環保教育車」巡迴推動環保，慈濟基金會環保推展組同仁楊贊弘（左一），親切導覽說明。（攝影／李政明）

前來慈濟環保教育車的參訪者，與用手語呼籲愛護地球的大猩猩 Koko 肖像合影。（攝影／劉麗美）

題感到興趣，牠的訊息非常清楚：「人類正破壞地球、傷害大自然中的動植物，必須趕快去解決問題。」Koko 用這支影片告訴全世界，再不救地球就來不及了！

慈濟環保教育車的設計結合 Koko 故事牆，希望喚起大家保護地球的決心，並透過一「筷」省水、蔬食三好、隨身五寶等互動闖關遊戲，引領大家在日常落實「低碳心生活」。參與展示解說的趙季薇校長表示，「讓小朋友做更完整的學習，如何從食衣住行來減少碳足跡。」透過大愛感恩科技展示環保一條龍的流程，了解從源頭廢棄的寶特瓶，如何變成環保瓶片，再變成樹酯粒後抽成絲，最後製成毛毯去救災的資源回收再利用過程。

另外，還安排當地校長老師一起參加導覽志工培訓，讓這些校長、老師為了承擔導覽必須深入內化這些環保概念和知識，直接變成他們的資產，成為當地推動環保的種子。甚至嘉義永慶高中的校長也鼓勵高中生報名導覽志工，讓人人成為環保宣導者、力行者。

巡迴全臺的環保教育車將陸續開往九個縣市，把愛大地、續物命的精神傳送到各個角落。期待推廣人人力行節能減碳，重返綠色世界。

環保教育行動車開到臺北市，臺北市長柯文哲前來參觀，慈濟志工向其解說寶特瓶變成紗的流程。（攝影／李政明）

我的環保大懺悔

朱秀蓮

人類進入工業時代以後，工業化的大量生產，讓生活更加快速便利，但一次性使用或過度包裝的商品充斥日常生活，雖然方便，卻也製造許多不必要的垃圾，造成環境嚴苛的負擔。

就以食來說，民以食為天，隨著工商業社會的發展，各式各樣紙袋、紙盒、塑膠袋、保麗龍盒……從早餐開始，人手一袋、一盒、一杯甚至更多，幾乎是司空見慣。由石油提煉而成的塑膠袋、保麗龍所造成的汙染，因無法被大自然所分解，埋入地下百年、千年不化，燃燒又會產生戴奧辛等有毒物質，不僅嚴重破壞生態，更加危害人類和動植物的生存。

「世間的汙染起於人的一念心！大地、空氣受汙染，皆起於人的欲念；人心貪欲無窮，有『一』缺『九』，永不滿足，造成難以彌補的世界性環境問題。」證嚴上人經常提及環保議題，期許「清淨在源頭」，才能減緩對地球的傷害，人類才有永續發展的可能。

愛地球　從自身做起

三十年前，洪天助豪氣應允慈濟志工邀約協助載運回收物：「沒人載，我來！」從此與環保結下不解之緣。隨著全球暖化議題中不斷提及塑膠危害，對經營塑膠工廠的洪天助來說內心相當複雜：「我在做環保，但又在生產不環保的塑膠袋，這樣豈不是自相抵觸！」於是動念想結束事業，但考慮到跟隨他數十年老員工的生計，加上死忠客戶的請託，他採取漸進作法，先停產飲料提袋，再把提供工廠用的大型包裝袋慢慢轉單，讓事業自然走向黃昏。

七十一歲的洪天助表示，「以前開工廠，是應市場需要，並沒想到塑膠袋對環境汙染；現在自己做環保，要去向人宣導『減塑』，這樣不是互相矛盾嗎？」他希望能以身作則「減塑」，才能更具說服力。

高鐵臺南站高架軌道下，每日有高鐵列車回收的資源由輸送管集中一處，洪天助（右）與仁德區的環保志工來此分類回收。
（攝影／黃筱哲）

洪天助經營塑膠工廠，往昔日夜不停輪轉的塑膠袋機臺，如今僅少量生產，洪天助現在收起工廠，以身作則「減塑」。（攝影／黃筱哲）

「地球再不救，就來不及了！」他天天到臺南高鐵車站做環保分類，並鼓勵大家一起來為自己造福，也為地球「延壽」，籲請人人要有所覺知與行動。

從事「送行者」工作的林永清，投入慈濟環保志工之後，意識到燒紙錢既破財又會汙染空氣，與其用紙錢去祭拜先人神鬼，遠不如用真錢去助人。他收起出租給人「燒庫錢」器具的生財之道，改到殯儀館做大夜班管理員，雖然因此收入減少，卻是心安理得。愛物惜物的林永清會把將要被丟棄的貢品、水果、用具轉送給附近工廠的外勞。心無芥蒂的林永清表示，家中三個孩子也是吃祭拜過的水果長大，對他來說，東西好好的要丟掉，實在可惜。

陳松田（左）、陳蕭秀珠（右）夫妻一大清早即來到八德環保教育站，合力掛起印有回收項目的海報。（攝影／安培淯）

另一對夫妻檔的環保志工陳松田與蕭秀珠，當年他們從新竹到臺北來奮鬥，為了生計，從販售會腐敗的水果轉為不會爛的塑膠袋與保麗龍。一九九一年，因外食人口增加，加上政府為避免A型肝炎流行，推廣免洗餐具，兩夫妻努力打拚，使他們的事業蓬勃發展，一躍為當年臺北市最大的免洗餐具盤商，光店面就有兩百多坪，堆積滿屋的保麗龍餐具，宛若一座座小雪山。

自幼生長在困頓環境的蕭秀珠，一心想脫離貧窮，做生意時對金錢斤斤計較。在慈濟志工接引下，逐步了解環保，讓他們覺察到所販賣的塑膠袋與保麗龍用過即丟，是地球的沉重負擔！「我們常常想，如果（證嚴）上人知道有一位弟子以『製造垃圾』為業，不知道會怎麼想？」慈濟推廣環保、自備餐具，讓身為慈濟人的陳松田與蕭秀珠內心起了很大的掙扎，每天睡不安穩。

參與慈濟貧病家庭訪視，見苦知福下，蕭秀珠發現人生存在的價值，覺知到自己擁有幸福美滿的家庭，何須汲汲營營，苦苦追求物質欲望的滿足。一九九七年，家中經濟穩固後，夫妻倆下定決心結束白手起家的免洗餐具事業，並在臺北市八德市場做起環保回收，五年後順利促成慈濟八德環保教育站的設立。視環保站為家的他們，每天看頭顧尾地在環保站打點大小事務，同時關照環保志工的身心需求，一反過去以賺錢為目標的人生，投入環保後，讓他們獲得更多的喜悅與滿足。

蕭秀珠在八德環保教育站大小事都親力親為，包括親自把其他志工拿來義賣的栗子從貨車上卸下，搬進環保站內。（攝影／安培淂）

需要或想要，買前先三思

僅次於石化業對環境造成的浩劫，「服裝產業」已經成為全球第二大汙染源！便宜時髦、不穿即丟的「快時尚」，滿足了消費者購買欲望，卻釀成生態災難。除了「種植供製造一件T恤使用的棉花，通常會使用三分之一磅的殺蟲劑和除草劑」、「一噸的棉製成紡織布料，需要六萬五千度的電

力以及二十五萬公升的水」外，添加在衣料上，用來漂白及染色的化學添加劑，也會流經土壤滲透到地下水中，汙染水源。紡織後的分解或焚燒，所釋放的有毒物質還會持續百年以上的迫害地球。

「走過，路過，一定沒有錯過！」馬來西亞慈濟志工陳玉芳形容自己以前逛商場時，免不了總要買上

嘉義市大溪里慈濟環保站內，慈濟志工整理堆積如山的資源回收物，為愛護地球盡一分心力。
（攝影／林家芸）

幾件。二〇一二年投入環保志工之後，她被環保站裡堆積如山的衣服震撼了，彷彿看見那個「愛買」的自己！醒覺到自己想要就買、不要就丟的行為對地球造成的負擔，她一改過去打開衣櫥「總覺得少一件」，「買了衣服回家後，就覺得不適合、不喜歡，連牌子都還沒拆就送走」那種貪新厭舊的習慣。

「以前的觀念是，錢是自己賺的，理所當然全部都要買新的。」為了追求更好的生活，陳玉芳拚命賺錢。「接觸環保多了，就會發現自己的行為很不對。」如今陳玉芳的生活裡不僅衣服，絕大部分的用品，都採購自環保站的回收物，修修補補、一用再用。她把不亂買東西省下的錢，用在更有意義的事。投入志工付出，讓她改變生活方式，變得更簡單、簡樸又歡喜。

改變，其實只在一念之間；觀念的改變有時不僅改變生活方式，連帶也可能使生命改觀。日本「雜務管理諮詢師」山下英子將她從學習瑜珈中體悟的「斷行．捨行．離行」寫成《斷捨離》系列書籍，從空間到心靈改造引起很大迴響。證嚴上人曾談及此「輕安的生活哲學」：「對於日常中非必要的雜物，能捨去的都捨去；沒有多出的物質累贅，反而有了乾淨的空間，過著悠閒簡單的生活，輕安自在。」

「需要」和「想要」只是一字之差，人們往往「需要的不多，想要的很多」貪欲的結果就是在自己的生活裡囤積太多不必要的東西，反而帶來無窮盡的煩惱！年終大掃除時總見大批回收物等待清潔隊員載運，過度消耗的資源，造成地球難以承受的負荷，一旦大自然反撲，人類恐難再安穩生活。以塑膠為例，海洋中的魚貝類因為吃進海洋廢棄垃圾，再被人類吃下肚，加拿大維多利亞大學日前發表一項研究，在塑膠製品氾濫的現今，成年人每年大約攝入五萬顆塑膠微粒，兒童大約為四萬顆。「報應來了嗎？」斗大的標題見於期刊，警示著人類健康可能受到的危害。

過去農村裡，腳踩木屐、手中提著用草繩與葉子綁住的食物，拎在手上帶回家的畫面，雖然已不易復見，但我們能否再為地球環境努力一次，讓環保購物袋成為新時尚，讓簡約的綠色包裝成為生活新趨勢？人人回歸自然簡樸，我們就不必擔心我們所製造的環境惡果，回過頭來傷害了我們自己。

南投縣草屯鎮南埔環保教育站，環保志工為清淨大地歡喜付出。（攝影／顏霖沼）

與眾生和平共處

——羅世明

生態保育與友善環境，往往不是在於知識上的理解，而是在於一顆愛好大自然的心，不會予取予求，只是誠懇地與大地萬物共同分享美麗的世界。

臺灣，不管是被葡萄牙人驚豔稱呼為「福爾摩沙！」（Formosa，美麗之意）；或是清朝連橫所著的《臺灣通史》中，所謂的「婆娑之洋，美麗之島」，其實都堪得起這樣的稱呼。

感恩　大地母親的養育

臺灣的總森林面積將近二百二十萬公頃，森林覆蓋度為百分之六十點七一。是全球平均值百分之三十點三的兩倍有餘，排名第三十三名。日治時代調查，光是阿里山一地的原始林就擁有三十多萬棵巨大的紅檜、扁柏，但歷經日治及國民政府時代一連串耗竭式的採伐，千百年來的原始森林幾乎都被砍伐殆盡，而為了運送原木等所開設的產業道路或是公路建設，更加深臺灣山林破壞的程度。直到一九九一年農委會通過全面禁伐天然林的法案，及陳玉峰教授一九九八年至二〇〇二年發起搶救棲蘭檜木林運動後，才基本上中止了臺灣山林砍伐的浩劫。

山林的破壞，來自於人心的過度貪欲。不捨大地受傷，一九九一年，慈濟基金會結合金車文教基金會，由證嚴上人向社會發出「預約人間淨土」的呼籲，以「改善社會風氣」為訴求，長達三個月的時間推動淨化人心、家庭、社會的系列活動，在社會上形成了一股清新安定的清流。當年《遠見》雜誌評此活動為該年度臺灣最大的群眾運動，並獲得第一屆社會運動和風獎的肯定。

隔年三月，慈濟與金車基金會攜手合作，再度推出第二階段預約人間淨土活動，繼續以「環保綠化工作」為主題，推動生活的淨土。致力推廣環保護生觀念，珍惜地球萬物資源，並落實全民綠化工作，以留給後代子孫自然的空間，在全臺各地展開，包括社區綠化、關懷老樹等活動。

事實上，要改變氣候，就要先改變人心。宇宙的大乾坤有溫室效應，人心的小乾坤也有心室效應。人心能影響整個宇宙。所以我們應該要用「心」來愛護地球，用雙手「護」慰地球，讓它康復起來，重生機。這是是證嚴上人所說，「與大地共生息」的概念。

靜思精舍僧團自耕自食，長年來都是以自然栽種、自然堆肥和酵素種植，不傷害菜園中共生的生物，與萬物和平相處；大愛農場自然農作方法，也推廣到南非、莫三比克等地，讓當地並不富裕的慈濟志工，也能以自然農作種植的蔬果，供餐給當地的貧困或罹患愛滋病的孤兒，做到窮人也能幫助窮人的慈善援助模式。

在慈濟，生態保育所展現的，就是這分與大地物種共生共息，共擁一片天地的生活態度與精神。天蓋之下，地載之上，大地提供豐盛的五穀雜糧養育我們，我們要當思感恩，要護生、蔬食、敬天愛地，正如證嚴上人曾說過的：「走路要輕、怕地會痛。」以這一份戒慎虔誠之心，來疼惜土地與萬物。

從愛好者　成為自然的保護者

臺灣生態保育問題，其實並不限於山林，從平原到海洋都存在著，而且都跟環境破壞和物種滅絕有關。而對環境變化最敏感者，通常都是喜好大自然的人士，許多人最後都轉變成為環境保育的推動者，就如早期鳥會人士推動黑面琵鷺保護及關渡自然公園的設立，還有荒野保護協會的成立。

李偉文是「荒野保護協會」的創會秘書長，從小參加童子軍，非常喜歡大自然，出社會工作後正值臺灣錢淹腳目的時代，很快地生活就穩定下來，他回想求學時參加童子軍的使命感，希望繼續推廣童軍當志工、為社會奉獻的利他精神。一九九〇年，他開始邀集好友在自己家中舉辦讀書會，一起讀書、分享旅行心得，同時也邀請專家前來演講，關心社會時事議題。

因為這個因緣，認識剛從國外農耕隊回來的徐仁修。徐仁修當時在《牛頓》雜誌從事生態攝影，在臺灣各地旅行時發現，許多地方拍攝時生態還很美好，但是過一段時間再去，就因為開路或建設被破壞，美景不再了。那天徐仁修被邀來演講後，覺得他們這個團體還滿有趣的，成員大多是三十多歲的中產階級菁英份子，裡面有股票炒手、基金經理人、醫生、律師等等，但他們對社會懷抱著一份關懷。於是後續徐仁修就帶著大家去位於思源啞口的私房景點，用最簡單的童軍露營方式旅遊。

當晚大家圍著營火，徐仁修有感而發，提及他回臺灣這一、兩年所見，美好的生態環境不斷遭到破壞，自己一個人又無能為力改變什麼。徐仁修這一番話，激起大家想為環境做些什麼的熱情，於是李偉文就將讀書會這群人組織起來，一九九五年成立了荒野保護協會。

初期荒野保護協會，由徐仁修擔任講師，李偉文負責行政組織的發展，培訓志工成為生態解說員，透過自然教育、棲地保育與守護行動，推動荒野保護的工作。但因為荒野保護協會成立的時代，「環保」已是一個非常普及的概念，人人都可以琅琅上口，但說到和做到是兩回事，因此李偉文希望協會不要以課堂的知識推廣和活動辦理為主，而要更重視志工的培訓，要讓志工在生活中，真正產生環保習慣的改變，而不僅是認知而已。

所以他將荒野保護協會發展成一個非中央集權式的組織，過程中，不斷地辦訓練，為志工創造願意為環境保護付出行動的機會，訓練完畢志工也許會留下來，也許離開協會，回到自己的社區發展，李偉文認為也沒關係，只要經過訓練過程，當志工要站出來教導別人怎麼做的時候，他必然就改變了，因為他若沒改變，將無法教會別人改變，是會說不出口的。

因此，多年來雖然荒野保護協會為臺灣環保付出許多努力，例如推動五股濕地的保護，力阻花東設立火力發電廠，為東臺灣留下一片淨土。但談起荒野保護協會對臺灣最大的貢獻，李偉文卻認為，「那些東西都不是太重要，重要的是我們培養很多的人，很多願意為環境站出來的大人跟孩子，人數非常、非常地多，我覺這是荒野最大的貢獻，真的很多人因為當我們志工，改變他自己的生活習慣跟家庭。」

而這些被荒野轉化環保價值的人，不論他還是不是荒野的志工，都會在他的生活中持續著、行動著，不斷地影響著他周邊的人，這才是李偉文創辦荒野保護協會的理想所在。

食物的背後　你會如何思考？

生態保育，不僅止於山林野外，事實上，我們餐桌上食物來源的取得，也關係著生態的保護。全球農業在長年種植單一經濟作物、以大量化學肥料和農藥來確保農作物產量的慣行農法下，不僅將農地原有的微生物消滅殆盡，地力也無從休養回復，持續惡化下，貧瘠死亡的土地，只好依賴更多的化學肥料和農藥來促成作物的成長，幾十年來惡性循環不斷，早已將周邊的自然生態體系破壞無遺。

民歌裡唱的「池塘的水滿了，雨也停了，田邊的稀泥裡，到處是泥鰍……」那些到處都是的泥鰍，現在到哪裡去了？水塘裡常看到的紅蜻蜓也飛不見了，只剩下小虎隊的〈紅蜻蜓〉還在傳唱……

這一切都是發生在臺灣農村裡數十年的悲劇，甚至不時有農夫因為逆風噴灑農藥，不慎吸入過多送醫不治的事件發生。臺灣在有機農業和食農教育上投入較為人知的，大概就是主婦聯盟基金會及其生活消費合作社，以及慈心有機和里仁公司，就以慈心有機和里仁公司為例。

一九九〇年代，福智僧團創辦人日常老和尚聽務農子弟敘述果園裡的大蛇、山老鼠爬過劇毒農藥，雙雙陳屍柑橘樹下而皮開肉綻時，老和尚潸然淚下說：「動物慘死，人類又怎能不受毒害呢？」於是啟動倡導無農藥農耕的念頭。這份理想，從一九九五年在嘉義朴子農場，日常老和尚灑下第一把有機種子開始，兩年後成立「慈心有機農業發展基金會」輔導農友轉型有機農作。

然而轉作有機，地力恢復需要一段時間，讓土壤微生物增長，讓蚯蚓返回，這都不是馬上辦得到的；而這段轉型有機期間種出來的蔬果，往往品質不佳、賣相不良，很難有出路，轉型農友往往在這階段會遭遇到嚴重的經濟打擊，難以持續下去。

為了協助轉型有機農友度過難關，一九九八年再度成立里仁公司，設立銷售天然、有機的農產品門市通路，幫助這些轉型有機種植的農產品有一個銷售的管道，協助農友度過難關。不過，里仁既然是一個銷售通路，有一些家庭的日用品或食品，也會擺放在門市銷售。結果一段時間下來就發覺，生活中許多日常用品，如洗髮精、洗潔精、香皂等，往往為了強化洗淨的效果，都有添加一些對身體或環境有破壞性的物質；而一般的餅乾、麵包、麵條，甚至使用的麵粉，都有可能添加防腐劑等化學的食品添加物。

這些添加物存在的目的很簡單，就是因應人們的需求——東西要好看、好用或是好吃、好保存，消費者才會想買，如果達不到理想，廠商往往只好在合法的範圍內運用化學添加劑，讓產品能受青睞，但事實上，長期攝取或使用這些化學添加物，雖然量都不大，但畢竟還是不夠天然和健康。因此日常老和尚又再指示里仁，是否可以再研發一些比較健康的天然產品？

這在當時是比較困難的，因為在食品安全未被普遍

花蓮新城鄉中央山脈下的景觀。（攝影／魏國林）

重視的時代，也僅有主婦聯盟的林碧霞博士較專注在這個區塊的研發，但里仁還是設法逐漸從減少化學添加物或只使用天然添加物的方式改善，從而發展出「誠食」的理念，以誠懇、真實的食品來面對消費者。里仁總經理李妙玲說：「我們對於這個社會的價值，就是帶給這些消費者，就是要誠信，如果你只是為了賺錢，那你騙客人能夠騙多久？」

友善環境　打造生態農業

後端的食品要「誠食」，前端農產品也必須「清淨」，這就需要靠「食農教育」及「友善農業」的推動，慈心基金會設立初期，因為社會大眾都不明白有機是什麼，因此先從

消費者的教育著手，讓大家先認識什麼是有機農作；同時在輔導農友轉型的過程中，也辦理活動，將消費者帶到有機教育農場中，讓消費者親自體驗認識，甚至支持有機農業的發展。

後來在政府的鼓勵下，慈心也開始投入對外有機驗證服務，臺灣民間有機驗證當時有四家機構，然後才慢慢增加到十幾家執行驗證，當時大約三分之一的農戶都是由慈心執行驗證完成的，協助不少農友成功轉型，後來抉擇慈心基金會保留輔導、服務產業任務，而將驗證業務分割，成立獨立的驗證公司。

二〇〇六年，立法院通過農產品生產及驗證管理相關法案，法案之下有機農產品驗證相關行政規則也在隔年上路。這一套有機農

暮秋十月，黃韻遍野，水稻田。（攝影／周幸弘）

產品相關規則，釐清農產品及農產加工品之「有機」定義標準，有法可循下，讓「有機」兩個字不致於被濫用。不過，其中有關「有機農業」的一些高門檻標準，卻也讓一般農友難以企及，反而限制了「有機農業」的進一步發展。

負責慈心基金會行銷推廣的葉采靈認為，二〇〇六年有機農業相關行政規則通過前，是臺灣有機農業發展一點零時代；修法後，是有機二點零時代。然而，有機農業修法後標準較高，反而讓有些原本以「有機」為名生產的農友們，很難達到新的驗證標準。於是慈心基金會在二〇一〇年以在農地環境之生態指標為目標的「綠色保育」標章，也開始發展起來，以弭補因有機驗證制度不得其門而入，卻又放棄化學農藥、化學肥料的生產方式，尋得一條支持理念與行動之路。

慈心和里仁比較明確關注到有機農業和生態保育之間的關係，是從新北市三芝區的一位名叫阿石伯的農戶開始，起因於臺北市立動物園進行臺北赤蛙的調查計畫，發現三芝阿石伯的蓮花田，是這種珍貴稀有保育類動物的重要棲地，希望說服阿石伯不要再使用殺蟲劑與殺草劑等農藥，轉型有機農業，但一直未獲應允，於是轉請慈心協助說服。

慈心初期也很難說服阿石伯，只能先陪伴建立信任關係，半年後，阿石伯終於願意嘗試。但不灑農藥下，一種水螟蛾害蟲會把睡蓮葉吃光，花朵減少跟品質變差，阿石伯在無法賣向花市下，最後在慈心商請里仁商店協助販售，並且跟消費者溝通「買蓮花救赤蛙」，終於轉型成功。這個案例讓慈心發現到，發展有機或生態農業，可以保育很多瀕臨消失的生物、促進農田生物多樣性，於是開始推動「綠色保育標章」，發展物種保育與農作共存的生態農法，並且以農田中出現哪些保育或稀有生物，例如水雉、大田鼈等等，作為友善農業環境的生產標準。

葉采靈歸納這就是臺灣朝向有機3.0發展的階段，泛稱為「友善農業」，「它就包含像綠色保育標章，或者是BD農法、秀明農法等等，就是它們的理念、標準各自不同，但都是以不使用農藥、環境友善為基本原則，至於如何驗證這些友善農業呢？也是類似，只要政府審認通過的友善農業團體，評估審查通過之農業生產，就可以稱為友善農業，並得到認可。」

友善農業的推動，讓農業生產更注意到生態保育，最終甚至推動到與社區營造、地方創生相結合，創建出多處有機社區生活圈。

里仁總經理李妙玲說：「環境要永續，就是不能予取予求。要讓這個環境其他的生物能夠共存，就是我們師父說的，人跟人之間，人跟動物之間永遠不該是競爭的，應該都是合作的，要留給他們一條生路。」

苗栗三義茶園景觀。（攝影／黃宗保）

蟲鳥共享與大地共生息

——蔡翠容、李志成

位於苗栗縣三義鄉，占地二十九公頃的慈濟三義茶園，日治時期，日本三井紅茶公司於此種茶樹，日本人離臺後，佃農們各自劃地照料茶園；為了追求產量，使用化學肥料，茶樹成長，雜草也高了，他們又撒農藥和除草劑。而土壤長期累積毒素，微生物無法生存，失去養分的土壤越來越硬，作物無法生長，農民便施更多化肥……日復一日……

後來，茶園由臺灣農林公司轉手給慈濟照顧；二〇〇八年十月，受證嚴法師委託慈濟志工陳忠厚照顧茶園，並告訴他，要用「尊重土地、關懷生態、順應節氣、敬天愛地」的理念，把這片土地照顧好；生產出有慈濟人文精神的茶；以及把茶園制度建立起來，做好這三件事，茶園就會成功。

「其實講到茶，我對茶一竅不通。」以前沒有種過茶，從南投縣埔里鎮來的陳忠厚以前是種木瓜的，證嚴上人要求種的茶不能有化學肥料、農藥、除草劑，最重要是茶要「吃素」，雞糞、牛糞都不能放。而且二〇〇九年十月初到茶園時，他放眼四顧，盡是老化的茶樹及乾硬的土地。

烈日下，志工們戴著帽子、袖套，腰間圍上茶袋，細心採茶。（攝影／蕭耀華）

所幸憑著長年務農的經驗並藉由觀察、研究，陳忠厚意識到首要須改善土質，令茶樹得以吸收養分。而草，能讓缺乏水源，只靠天降雨給水的茶山，維持土壤溼潤，讓土地恢復自行修復能力。「我們不只對動物友善，對草木也要友善。」他以草生栽培法與大自然和平共處，不使用除草劑，讓雜草自然生長，在茶樹過道間，到處可見雜草比茶樹還高的景象。

為了讓土地恢復自行修復能力，他開始施有機肥，再以豆渣做肥料，而慈濟志工利用果皮自製的酵素，土壤物理性改良以後，無機鹽減少，涵氧量增加，喜氧菌、微生物增多，使表土更加鬆軟，讓雨水滲透到土壤深層，對僅靠大自然雨霧供水的三義茶園來說，亦可以減少旱害。

茶蟲啃食茶葉，陳忠厚和妻子黃瑞年徒手抓出茶蟲移往他處。（攝影／蕭耀華）

蠢動含靈　自然平衡

然而，蟲害的問題仍未解決，憶起當時剛接茶園工作時，他走近茶區一看，嚇了一跳！「每一棵茶樹上布滿好幾百隻蟲，不停咬食茶葉。」陳忠厚一想到幾天後，蟲將把茶園咬成光禿一片。正當他焦急萬分，苦思不得解決之道時，竟然飛來了上

陳忠厚捧起茶葉，湊近鼻子聞一聞，清香沁入心脾。（攝影／蕭耀華）

三義茶園白鷺鷥群聚，顯現茶園的有機農法。（攝影／蕭耀華）

百隻的黃頭鷺。連續幾天，牠們以茶樹上的茶蟲為食，一區接著一區，不到兩星期，滿茶園的蟲幾乎已被吃盡。

陳忠厚發現，真正的有機是「眾生平等」。為使茶園達到與自然生態平衡共生，他以「感恩與尊重」心，順應自然界的食物鏈，鳥吃大蟲，大蟲吃小蟲，小蟲吃草木……鳥、蟲飽食之後，剩餘的才是茶園的收成。

當時的他，不知道吃了茶樹的蟲，是從何處來；也不知吃了茶蟲的鳥，是從哪裡飛來。「原來，自然生態就是如此奇妙，蠢動含靈都有其生存的必要，才能維護自然界生生不息的循環，穩定大地萬物共生共存的平衡。」從此，陳忠厚以自然為師，尊重一切動物和草木生態。「為了讓生態平衡，我們也維持生物多樣性，各類的草也許能代替茶樹成為蟲的食物，減少牠們啃食茶葉。」

每年春夏之間到來的鷺鳥，得以平衡生態，讓茶園健康。陳忠厚內心充滿著感恩：「歲歲夏去秋來，年年白鷺南飛，我一定站在茶園，揮手跟牠們說再見，並說感恩。」

有機農法的堅持，讓慈濟三義茶園在二〇一四到二〇一六年連續三年檢測下，通過中興大學有機認證——三百一十二項農藥檢驗均顯示「無驗出」。所生產的「淨斯小葉紅茶」、「淨斯烏龍茶」也成為安全、安心的茶品。

陳忠厚向來訪的慈濟志工介紹三義茶園。（攝影／李文雄）

中區慈濟志工利用假日至苗栗三義慈濟志業園區協助採收春茶。志工們穿梭白色霧茫的茶園間，用心採摘一心二葉茶葉，體驗採茶樂。（攝影／林昭雄）

為了營造動植物安心成長的環境，除了採茶時節較多志工前往協助，三義茶園平日力求減少人車進入，以保護生態。陳忠厚以行動愛大地，讓土地回復健康；但在每個茶區通道都留有一處草木不生的堅硬禿地，那是過去農民調製農藥、除草劑的痕跡。陳忠厚說：「把這塊乾枯的土地留著，希望它也是一種無聲的教育。」

他有感而發分享，大自然有它生態平衡的機制，人類應該與大自然萬物和平共處，不要為了貪念而使用化學、人工的方式種植，否則最終還是人類受害。

三義茶園自然農作的精神理念，源自於花蓮中央山脈山腳下、靜思精舍旁這一大片翠綠的農園。自從證嚴上人帶著僧俗弟子，以百丈禪師自耕自食的農禪精神在此地修行開始，這一畦田園就一直提供僧團和在此工作的慈濟基金會同仁，最清淨的飲食和最微妙的心靈說法。

靜思精舍的僧眾生活，每天清晨三點多起床，大眾一起早課共修聽法，六點早齋之後，負責菜園工作的常住師父就開始了一天的農作勞動，育苗、栽種、施肥、澆水、除草，十點半太陽酷熱時，就返回到大寮撿菜，為幾百人的用餐準備。下午兩、三點提前晚課，然後再到菜園耕作，直到傍晚回到精舍，晚上的時間就用來精進共修或自修。

農作和修行結合在一起，動、靜之間皆有法可以體會。德江師父說，夏天的菜容易有蟲害，需要花費很多的人力去挑菜，每一片葉子正反面都要仔細觀看，小心移去放生，如果發現蟲卵，也要讓它回到大自然。菜剩多少人就吃多少，眾生和人平等享用。

與大地共生息，人與萬物共享天地的資糧。德棠師父看到一隻黏附在殘留菜梗的毛毛蟲，輕聲地對著牠說：「你吃得都沒葉子了，這樣下去你沒得吃，我們也沒得吃，這樣好嗎？」不一會兒，已不見牠的蹤跡。「牠聽得懂！天地萬物都有情，牠都懂。我覺得牠們還是滿有良心的，只要我們大方一點讓牠吃，牠真的會留給我們吃。」

師父用感恩的心看待這些小生靈，有時

候蟲會留一些完整漂亮的高麗菜下來，有時候整顆被牠們吃得快沒了，但最後又會重新結出很扎實的一小顆高麗菜下來，不會完全沒得吃就很滿足了。

不求完美、善待萬物、共同分享，這帖「知足、感恩、善解、包容」的「慈濟四神湯」就是靜思菜園裡永續經營的農禪哲學。

清淨生活　惜物有情

靜思精舍的環保生活，一切都從生活出發，源自於內心真實的感受，不必然跟得上現代環保名詞的語彙，堅持的卻是最根本的精神態度。

志工卓枋記專注地拔野草。
（攝影／顏啟斌）

陳忠厚與妻子黃瑞年及女兒陳惠珏、女婿張昭銘一家人用心守護三義茶園。
（攝影／蕭耀華）

二〇〇七年某天，證嚴上人在與志工座談時，提到自己皮膚有些過敏，感嘆現今的清潔用品添加太多化學物質，不如他小時候使用的無患子加米糠。這段話被當時隨師在旁、食品工程學系出身的德寋師父聽到了，心中暗想著：「那麼我就來試著做一塊天然無化學成分的肥皂給上人用。」沒想到效果很好，證嚴上人推己及人，希望德寋師父能夠生產更多嘉惠大眾，於是開啟了「淨皂」的生產。

開始的淨皂廠房都是由他自己設計，使用的都是來自靜思精舍二手回收的舊物再利用，更遑論單價五十萬的製皂攪拌機，他都捨不得買，正好聽說有一部中古的麵粉攪拌機要出售，他就很高興把它接下來。大家笑稱他是名副其實的「撿」（音同蹇）師父，他也欣然接受。

從最簡單的第一塊無患子淨皂開始，寋師父就地取材，以菜園中各種不同的天然植物成分，製成不同種類的淨皂，肉桂、

志工們在海芙蓉園裡除草，海芙蓉是淨皂的原料之一。（攝影／黃筱哲）

當一些蔬菜生產過剩時，靜思精舍的常住師父就利用自然的太陽光曝曬，製成菜乾保存起來，不要浪費。（提供／慈濟基金會）

紫蘇、澳洲茶樹、迷迭香等等，甚至連路邊的咸豐草和苦楝花都被納入製皂，因為咸豐草可以製皂，苦楝花有很好的止癢效果，天地之間無不是花草，無不存在著老祖宗的生活智慧。

以淨皂為基礎，那麼這些香草植物不也可以提煉純露呢？二〇〇五年，龍王颱風侵襲，急風勁雨打落精舍的樹木枝葉，證嚴法師看到滿地落葉殘枝很不捨，輕聲嘆道：「真可惜！」。這一聲不捨物命的嘆息，成了研發「淨斯淨露」的緣起。這些尋常惱人的殘枝落葉及凋花萎草「垃圾」，被常住師父們用心撿拾回收，並且精心萃取出精油、淨露；而萃取後的殘渣，也是珍貴的有機肥原料，再利用回歸大地滋養草木。

天蓋之下，地載之上，人人都是生命共同體。證嚴上人說，人雖然是父母生，卻是天地養育的。大地生產五穀雜糧供應著萬物，總是那樣無聲無息，不求回報。而我們也應該用感恩、尊重的心，敬天愛地，與天下眾生共生息。

在製作淨皂的過程中，將皂塊脫模後，放置通風陰涼處風乾。（攝影／黃筱哲）

淨斯淨皂。
（攝影／吳明土）

慈濟技術學院師生在學生宿舍後方開闢原住民植物園區。（提供／慈濟技術學院）

綠色循環的慈善農業

——邱千蕙

花蓮慈濟科技大學，有一個面積四公頃的「耕福田農場」，位於青山綠水之間，成為花東綠色循環農業的孵育場，這畝農田的誕生，必須要從一位大體老師鍾易佑爺爺談起。鍾爺爺因為身為鐵道技術員，又是慈濟環保站的志工，大家都稱他為火車爺爺，生前經常煮青草茶到環保站與人結善緣，爺爺往生後，家人也遵從爺爺的遺願捐出大體，成為慈濟科技大學解剖課程的大體老師，將往生後無用的身體化為有用的教材。

感念大體老師的奉獻精神，慈濟大學與慈濟科技大學的解剖課程開始前，師生都必須親自到大體老師的家中拜訪他的親人，記錄大體老師的生平故事，讓師生知道他們課堂上面對的不是一具冰冷的屍體，而是有一個有愛心、有故事、活生生的人，當師生們認識這位捐贈大體的「無語良師」之後，課堂中反而很有親近感，解剖之後還要幫大體老師縫合身體、辦追思會、寫感恩卡，送大體老師前往火化，猶如親人般陪他走完人生最後一程。

從醫學到農業

劉威忠和耿念慈是慈濟科技大學專研細胞生物及解剖學的夫妻檔老師，二〇一四年當火車爺爺即將成為他們解剖課的「無語良師」時，他們就帶著學生前往嘉義火車爺爺的故居家訪。有感於火車爺爺的精神，師生們將上面寫著「火車」兩個字的大鐵桶帶回花蓮，繼續用它煮青草茶服務他人。然而青草藥用量大，於是啟動耿念慈一個想法，帶著學生開墾宿舍旁邊的荒地以自然農作的方式種植草藥，既可以煮青草茶與大眾結緣，也可以讓學生做草藥的研究。

就這樣，從無到有，夫妻倆帶著學生

在布滿大石頭的溪埔地上整地、鋪磚、種樹，將農場從原本三百坪慢慢擴大到四公頃。但為什麼要取名為「耕福田農場」？耿念慈說：「每個人心中都有一塊田，怎樣去勤耕自己的福田，所以取名耕福田農場。」

兩位老師服務於醫學影像暨放射科學系，原本研究的是輻射生物，評估輻射對正常細胞或癌細胞的影響，所以也會研發一些中草藥萃取劑，了解是否能保護正常細胞或者增加對癌細胞的破壞，剛好這些生物科技很容易讓他們從醫學轉到農業上面。

二〇一六年尼伯特風災重創臺東，不僅當地特產的釋迦果被颱風掃落地，損失重

師生採摘學校大愛農場種植的有機蔬菜，與靜思精舍常住師父結緣。（攝影／廖婉如）

強烈颱風尼伯特重創臺東地區，全縣農損嚴重，尤以釋迦園毀傷最重，滿園枯枝葉和落果，農民欲哭無淚。（攝影／左圖：黃筱哲；右圖：楊舜斌）

大，甚至連果樹也被吹折死亡，重種新苗長大能結果，需要五年的時間，這段期間小農的生計無著，不知如何是好。經過臺東慈濟志工前往訪視勘察，將狀況回報花蓮的慈濟基金會，證嚴上人擔心這些受災小農無法承受幾年沒有經濟收入，於是委請慈科大提供協助。此時，劉威忠和耿念慈他們「耕福田農場」的研發成果正好派上用場。

紅藜是一種短期草本作物，是原住民傳統種植的穀類植物，營養豐富，被稱「料理界的紅寶石」，營養價值很高，鈣質多，蛋白質跟肉類差不多，還有人體無法合成的必須胺基酸，就連太空人也吃。甚至對傷口的癒合很有幫助，具有抗發炎的作用，因為產量少，價格是頂級稻米的數倍。而且紅藜生長只要四個月就可以收成，正好符合作為太麻里受災農民的過渡經濟作物。

綠色循環 永續生產

在兩位老師的努力研發下，紅藜以友善農業方式推廣，不使用農藥、化肥，完全天然種植，紅藜麥可以當農產品販售，甚至全株都可利用，如此自然循環的種植就成為他們所推動的「綠色循環農業」。

劉威忠說：「所以我們把不要的雜草、紅藜的莖、農作物等用機器攪拌成肥料，再用這些肥料來養菌養菇，後來剩下的太

尼伯特颱風重創臺東，全縣農損嚴重。花蓮慈濟科技大學開設「農業生醫技術與行銷課程」，無償培訓太麻里農民學習紅藜栽種技術，並積極協助農民轉型，了解農作物加工、產品研發到行銷平臺架構。（提供／慈濟科技大學）

空包放回農地，菌絲有很多蛋白質及其他胺基酸，當肥料給它（紅藜）施肥，透過這樣的循環，讓紅藜長得更好。」耿念慈也表示：「這是與大地共生息的概念，就取之大地，最後用它來養這些作物後，這些有機質再回到大地裡，不會對大地有傷害。」

一般看到的紅藜，大約只有一個人高，但在貧瘠的耕福田農場裡，透過這種方式種植的紅藜，卻能長到三公尺高，十分壯碩。於是校方邀請尼伯特颱風受災的小農，前來慈科大學習，由校方安排住宿，請教學團隊將研發成果，無條件地傳授給他們。

張鳳蘭是臺東慈濟志工，家中的釋迦

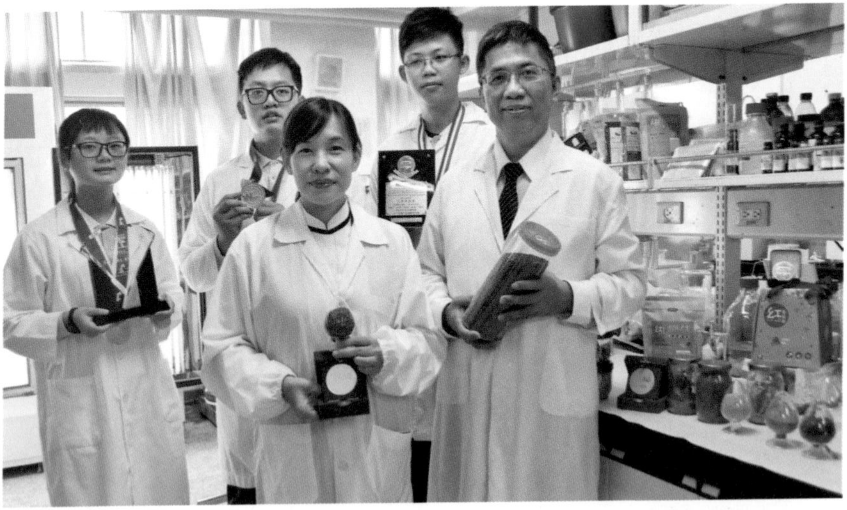

慈濟科技大學研究團隊找出應用整株紅藜的模式，進一步研發出紅藜相關生醫保健與美妝品，並以「紅藜在生物醫學的應用」榮獲第 14 屆國家新創獎的學研新創獎。耿念慈（中）、劉威忠（右一）、官振聖（後中）。（提供／慈濟科技大學）

果園也在這次的風災中嚴重受損，張鳳蘭鼓勵江志鵬和江雨蒨兩位年輕兒女前去學習。跟隨劉威忠、耿念慈等幾位老師，與「農業生醫研究中心」行銷與流通管理系學生團隊，一起學習紅藜的種植技術及加工產銷知識。

尼伯特颱風侵襲臺東，摧毀農民多年辛苦栽種的心血。二〇一六年八月三十一日，臺東專科學校教職員、臺東農民在慈濟志工陪同之下，參觀花蓮慈濟科技大學農業教學園區，期許未來有更進一步的合作，改善農民生活現況。（提供／慈濟科技大學）

在老師們的指導下，幾無務農經驗的兩兄妹，負責教學農場中兩千坪的紅藜栽種面積，育苗、澆水、除草，一切從頭學起。他們發覺紅藜生長速度快，只要在發芽的三至五天，給予足夠水分，就能自行生長。但辛苦的是在自然農法的前提下，面對蟲害，就只能用人工移除。所幸在慈科大老師教導一物剋一物的食物鏈法則下，在紅藜附近種植薰衣草、薄荷等味道較濃的植物，吸引蚜蟲的天敵瓢蟲來抑制蟲害。

四個月後，紅藜成長，農民也獲得不錯的收益，度過風災後的難關，接下來三年裡，慈科大農業生醫研究團隊陸續研發出紅藜麥片、面膜、酵素、精力湯、能量棒、茶包等，涵蓋食品、美妝保養、生醫等領域產品；並且把萃取後的根莖廢棄物，回收壓縮成生質燃料棒，作為養菇的太空包栽培土與生質能源汽化爐燃料來源，全株都沒有一個地方被浪費。

四個月後他們收成，產品賣得還不錯，慈科大也幫忙研發紅藜麥片，可以直接吃，也可以放到五穀粉或是牛奶裡一起搭配，為農民擴大銷路。如此一來，等於說短期內她們就有不錯的經濟收入，也解決了他們經濟上的燃眉之急。

慈善農耕　改造友善環境

從尼伯特風災後開始，慈科大團隊以「慈善農耕」的角度，持續在花東地區推動有機農業和友善耕作，為此開辦訓練班，希望透過產（產業）、官（政府）、學（學術）合作，大家一起幫助農民，吸引更多人投入。

近年來又再研發養殖雨來菇的技術，雨來菇是一種藍綠藻，常出現在雨後濕潤的地上，原住民又稱它為「情人的眼淚」，太陽出現很快乾枯不見，加上貼近地面，多沙難洗，所以不容易成為常見的佳餚。但經過慈科大團隊研發養殖，一方面可以協助植物固氮，增加肥分，也可以養殖在水中形成一顆顆晶瑩剔透的大小圓珠，隨著藍綠藻能發出不同螢光的特性，可以有不同顏色呈現。此外，雨來菇擁有豐富的膠質和維他命B群，也能製成保養品和保護眼睛，可以說非常有潛力的新興農產品。

本著醫農同一家的概念，兩位老師帶著學生不斷創新，也在二〇一七年拿到國家創新獎，而且是農業跟食品設計組。慈科大也申請到教育部「大學

慈濟科技大學 USR「農情覓藝加值東臺灣」團隊師生利用假日走進花蓮奇美部落，進行在地植物研究。（提供／慈濟科技大學）

社會責任ＵＳＲ」計畫，名稱為「農情覓藝加值東臺灣」。透過這個計畫協助部落農產品的提升與行銷，例如花蓮新城鄉以產山蘇為主，但若單純只賣山蘇價值無法提升，於是他們研發山蘇粉、山蘇脆片、海鹽山蘇等食品。又或是花蓮玉里的織羅部落，盛產葛鬱金，慈科大就協助居民製作葛鬱金冰淇淋，甚至把葛鬱金的渣拿來製紙做成環保提袋，希望讓各部落都有自己的農產特色。

而耿念慈也強調，這些輔導過程並不強迫，而是要走進部落去看有什麼農作物，然後再集思廣益可以怎樣量身訂製，就原本當地既有的農作物做改善與升級。農產品價值提升之外，慈科大更將食農生態教育落實到當地，可以設計教學活動，讓小朋友參與，從小扎根愛護土地，成為友善耕作的種子。劉威忠說：「目前雖然規模不大，但希望先讓部落有一個質的改變。而我們就是介於產、銷之間的協助者。」

從單純想延續一個大體老師的精神出發，到現在可以嘉惠整個社區，耿念慈與劉威忠坦言，這都是團隊一起做的成果，不然兩個人一定做不起來，過程很辛苦，但也慢慢有夥伴加入，像是善的力量互相吸引成為一個大團隊，支持他們繼續走下去。

滌塵去垢 再現觀音

——蘇慧智

被譬為「福爾摩沙」的臺灣，由於人類數百年來的開發，部分地區樹木一棵棵倒下，大地傷痕累累，到了「不雨即旱，一雨成災」的地步，甚至發生山崩、土石流現象，大自然的反撲，讓人們心生警惕。廣植樹木，讓山林恢復原有的青翠，恢復原有清新淨土已刻不容緩。

洪正明十幾年前開始，在臺北觀音山硬漢嶺步道，沿線種植四百多棵杜英樹，提供登山民眾乘涼遮陽，享受森林浴。（攝影／顏霖沼）

植樹　造福後代子孫的好事

位於新北市淡水河西岸的觀音山，屬於大屯火山群之一，因為形似觀音的側臉而聞名。特殊的火山地質和地理位置，孕育出豐富的生態和人文。亙古以來，就像慈悲的觀音，靜靜地護佑著淡水河兩岸的平原大地。

山頂芒草一片的觀音山硬漢嶺步道，如今搖曳著四百二十餘棵杜英樹，形成長長的綠色隧道，打造這一片綠地，正是慈濟志工洪正明。一九九三年，正當五十歲的他開始上山種樹，日日耗費的體力和時間不計其數，又沒有任何報酬，有人認為他不是傻子就是瘋了。

十年前，洪正明也曾於通往圓山飯店的後山種樹，如今形成綠色隧道。（攝影／陳碧惠）

洪明正一路上介紹他親手栽種、呵護長大的「樹孩子」們，正張開雙手為往來的山友遮陽。（攝影／練鳳娛）

「我腦子清醒的呢！」洪正明說，他自問沒有鋪橋造路的能耐，但起碼能種一些樹來利益人群。「前人種樹，後人乘涼。這是造福後代子孫的好事，值得！」二十多年來，小樹變大樹，樹圍從不到十公分長成超過一公尺。抱著大樹，洪正明猶如抱著自己的孩子，他發願要把種樹的志業一代代傳下去。

觀音山的硬漢嶺原來是個石頭山，沒有一棵樹，促使洪正明種樹的念頭，正是因為邀請朋友爬觀音山，沒想到對方卻拒絕，還說：「觀音山，那臭頭山，太熱了！」從小在觀音山腳下長大的他深受打擊，決心效法愚公移山精神，種樹供人乘涼。

在庭院、路邊種樹不稀奇，在山頂上種樹才是體力與耐力的考驗。沒有水源、沒有工具，全靠洪正明自己背上去。他與妻子每天雙手扛著十公升的水、拿著鋤頭，走三公里長的登山階梯種樹。十公升的水只能澆二十棵樹，於是他天天上山，輪流澆水，四百多棵大樹於焉誕生。

從事配電工程的他，在四十八歲那年，發生了一次死裡逃生的意外。高達四百四十伏特的高壓電流從他的背部穿過臂膀，震動五臟六腑，在剎那間昏死過去，過了半小時才悠悠轉醒，掙扎著爬出呼救。在等候送往加護病房前，心臟再度停止跳動，情況十分危急。太太暗自發願，只要先生能安度險難，一定將餘生奉獻給社會。

事後，雖然右手連碗都拿不住，讓洪正明非常沮喪，不過，種樹之後，他豁然開朗，失去功能的手指也慢慢痊癒，他說：「樹是菩薩、利益眾生」，種樹是最好的修行。

「小小綠樹叢，吐氧化清風，身心悅健康，歲歲樂無窮。」「觀音山上種杜英，綠蔭清涼啟心靈，登山運動若勤行，永保健康家門興。」這些掛在樹上，署名「種植者感恩合十」的掛牌，皆是洪正明與登山友分享的「綠色小品」。觀音山再也不是寸木不長的臭頭山，現在反而成為登山客休憩旅遊的好去處。

人跟土地之間的關係是共生的，人與一滴水、一棵樹、一陣清風的感情是融合的；人對大自然永存一分感恩之心，天地之間的萬物是共生共成長的！

十年前，洪正明於通往圓山飯店的後山種樹，如今形成綠色隧道。（攝影／陳碧惠）

淨山　蝴蝶效應帶動人行善

觀音山最高峰為海拔六百一十六公尺，由山頂遠眺，一零一大樓、關渡大橋、淡水、八里等大臺北地區美麗景緻以及周邊秀麗的十八連峰，盡收眼底。數十年來慕名而來的山友絡繹不絕，卻鮮少有人注意到峰頂牌樓旁的邊坡上，堆著面積相當於四個標準游泳池的「垃圾瀑布」。

二〇一七年三月十一日，長期致力於淨灘、淨山的國中體育教師吳文志，以自拍方式，錄下他在邊坡上撿拾垃圾的孤身單影，並將影像上傳至網路平臺，期望產生蝴蝶效應，帶動更多人參與硬漢嶺淨山。

大愛電視臺員工亦是慈濟志工的陳依

欣，在吳文志的臉書上看到他獨自淨山的勇悍畫面，感到相當震撼，但又直覺想到「如果有這麼多垃圾，他一個人怎麼可能清得完？」想來想去，就只有慈濟志工可以做，於是她將影片轉傳給在社區辦理讀書會的北區慈濟志工羅恒源。

羅恒源一看到影片之後，就說：「這一定要趕快來做。」翌日（四月九日）他即刻行動，邀集志工陳慧娟等一行八人前往硬漢嶺進行第一次場勘。

他們抵達山頂「硬漢嶺」牌樓旁邊，走下堆滿垃圾的斜坡，羅恒源則順著地勢，採「之」字型方式，走到垃圾瀑布的最下端，「看到整片的山坡，堆滿了陳年垃圾，有的被雜草、樹葉、樹木等覆蓋住了，有的卻隨處可見滿坑滿谷的保麗龍、瓶瓶罐罐、塑膠袋等，連底下的竹林中都遍布垃圾。」眼前慘不忍睹的畫面，讓他簡直不敢相信，深感心痛。

原來在二〇〇二年，交通部觀光局北海岸及觀音山國家風景區管理處（簡稱：北觀處）成立之前，就有許多小吃、飲料攤販駐點在硬漢嶺上營業，期間被樹林遮掩的邊坡，即成了他們和登山客每日丟棄垃圾的最佳去處；當政府進行嚴格管理後，攤販被驅離，徒留邊坡上經年累月的「垃圾瀑布」，總面積達五千平方公尺。

場勘當下，八位志工同升起一股「捨我其誰」的使命感。雖然之前吳文志及揹水隊已著手在清理了，但是杯水車薪，「我們慈濟人不來發動、不來承擔，那要請誰來呢？」下山的途中，八人一起站在觀音菩薩像前共同許下心願：「我們一定會承擔起責任，帶領志工回來清理垃圾，讓觀音山恢復原有的清淨與美麗。」

然而，還沒走到山下，羅恒源內心就在擔心了，因為很多的志工年紀都一大把了，還要爬上一千二百階的階梯，車輛不能上山，必須全靠步行及人力，志工哪裡來？他們爬得上去嗎？會不會有危險呀？一籮筐的問題，讓他傷透了腦筋。

世界地球日　愛在觀音山

因緣際會，志工先邀請在觀音山奉茶近三十年的亞洲形上揹水隊隊長蘇進雄，於十二日一同拜會北觀處，經過商量取得共識後，決定響應「四二二世界地球日」，於四月二十三日辦理「世界地球日．愛在觀音山」淨山活動，且議定由官方主辦、慈濟協辦的原則；車輛、人員、物資由慈濟提供並統籌規畫，清理下來的垃圾則暫時堆放在北觀處停車場後，再統一處理。

為了不二度傷害大地，志工巧思運用由慈濟環保站回收的肥料袋、大型米袋承裝垃圾；及計畫由慈濟急難救助隊志工事先在山壁上安置穩固繩索，做好安全措施。隊長陳義明表示，安全第一，也因多了一道保護，志工們更能全心清出垃圾；彼此分工合作，有人準備麵包、水果等餐點，為眾人補充體力。

當天活動正式啟動，來自新北市淡水、八里等地區的志工近二百二十位參與，雖然這次多數是上了年紀的環保志工，但他們體力並不輸給年輕人。另外，北觀處、亞洲形上揹水隊、疼惜地球家園護生協會及扶輪社等團體及山友們，亦約有五百五十人來共襄盛舉。

由於前一天下雨，坡面濕滑難行，志工不時抓住事前綁在樹幹間的安全繩索，穩住身形後，再將與樹根、藤蔓、雜草盤根錯節在一起的垃圾挖掘出來裝袋，然後以人龍方式接力傳遞上步道，再邀約每一位山友，一袋袋帶下山。

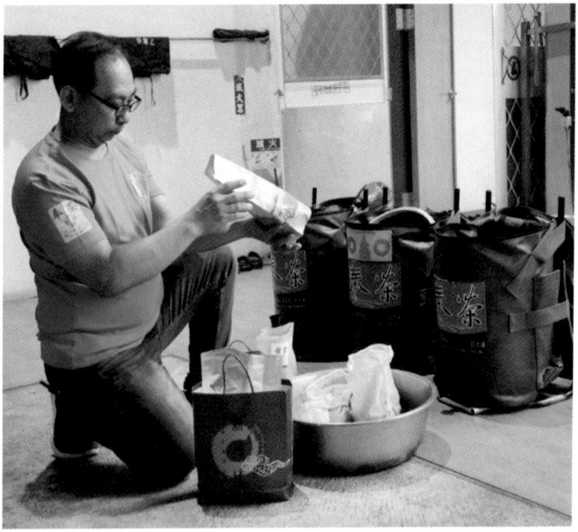

長年在觀音山揹水奉茶的揹水隊隊長蘇進雄，終於因為慈濟志工的加入，達成了他多年希望為觀音山陳年垃圾淨山的心願。（攝影／張順生）

淨山人潮中，小至三、四歲幼童，老至九十多歲的長者，大家主動、有次序地幫忙將一大袋、一大袋的垃圾運下山，讓登山步道出現排隊等著搬運垃圾的美善

志工和登山會眾合力將一袋一袋垃圾以人龍接力帶下山，還給山林原貌。（攝影／邱德馨）

人文風景。到中午活動結束時，共清出一千五百包、重約五公噸的垃圾，成果雖然豐碩，但離全數清除，卻仍有一大段差距。

三度淨山　移走巨量垃圾

為持續淨山，北區慈濟志工與北觀處、林務局和民間團體於五月二十一日再度發起觀音山淨山活動，現場還有許多熱情的登山客臨時加入，使得在觀音山硬漢嶺臺階上，人山人海，人人伸出雙手，獻出愛心；上山手拿竹竿當拐杖，下山當扁擔扛起垃圾，襯托出觀音山的美麗，也看到了臺灣的人情之美。

慈濟急難救助隊架設安全索（繩索），讓淨山人員能安全地在山坡間穿梭進行垃圾清理工作。（攝影／黃培修）

志工小心地將靠近樹根的陳年垃圾一鏟一鏟慢慢清出。（攝影／黃培修）

當天總計有一千三百五十人加入淨山行列，三小時共清出了二千五百包、重約八噸的垃圾量。慈濟志工與民間團體再度手牽手，心連心，凝聚力量以宏量的聲音高喊「愛在觀音山，環保永流傳」，共同宣誓淨山的決心。

經過一次、二次淨山，及多家新聞媒體紛紛報導淨山的善行義舉，證嚴上人亦藉由大愛新聞了解淨山狀況，感恩慈濟志工冒險帶動大眾淨山、護山，也感恩各地民眾踴躍參與，大家不分年齡長幼，都願意為這片土地全力付出。自此，人人的善心不斷被啟發，善行持續被帶動了起來。

六月二十四日慈濟志工發動第三次淨山，重點在清出位在坡邊的垃圾，讓原本被垃圾埋葬的樹根，終於能重見天日。這次共出動一千三百人，清出了十一噸的垃圾，人人一袋傳一袋，雖然滿身是汗，心卻歡喜。連附近商家們也讚歎，過去的觀音圾垃瀑布不見了。一位商家老闆黃春美說：「這一定要人龍，沒有人龍，沒辦法提那麼多東西出來。」

慈濟北區志工為感恩各界以實際行動守護山林大地，特於八月十三日晚間在觀音山舉辦一場感恩祈福會，向參加淨山的大眾表達感恩。每一場淨山都不缺席，高齡九十二歲的黃分明爺爺謙虛地說：「有能力就多少幫忙一些。」新北市副市長侯友宜也予以讚歎，「我們用行動保護山林，愛護這片土地，發揮螞蟻雄兵的精神。」

由北海岸及觀音山國家風景區管理處、北區慈濟志工、亞洲形上揹水隊、疼惜地球家園護生協會等慈善團體發起的第三波「愛在觀音山、環保永留傳」淨山活動，一起用具體的行動，守護大地、守護清淨心。

（攝影／邱德馨）

而交通部北觀處處長張振乾亦有感而發，「我想愛護地球，愛護環境，是大家的一個宗旨。」

一勞永逸　愛留觀音山

「愛在觀音山，垃圾帶下山」九月十日進行第四次，也是最後一次的聯合淨山，一共號召五百七十人一起來清理環境。當天各界熱情響應，不只慈濟志工，包括慈濟人文志業中心的同仁、八里區公所的環保志工，還有華碩企業的員工，甚至很多人攜家帶眷來付出。華碩員工吳芯慈表示，以身體力行的方式傳達，讓孩子知道，要一起延續這顆愛地球的心，「因為媽媽做了，小孩子就會記得。」

觀音山經過四次淨山，共動員了慈濟志工一千五百七十人次、各民間團體及山友二千四百二十人次，合力清理出

北區慈濟志工與亞洲形上觀音山揹水隊、守護家園護生協會、華碩電腦及山友等超過１千３百人共同參與愛在觀音山淨山活動，將硬漢嶺之垃圾清運下山，讓山林恢復清淨原貌。
（攝影／彭榆淨）

七千二百五十包、重約二十六噸的垃圾，總算還給山林原有的清淨面貌。

連續四次一同淨山的亞洲形上揹水隊隊長蘇進雄感受甚深，早在三年前（二〇一四年）他便發現垃圾瀑布的存在，當時推估單憑隊友的力量，至少需八年時間才能完成清運，「直遇到慈濟志工走在最前作示範，才匯聚大眾的力量，共同成就這項創舉。」

回想淨山過程中，他一直有個心念，「要用一顆感恩的心，把愛傳下山，這是一個『禮物』。」觀音山被破壞已經成為過去，不該再用那種抱怨的心態，怪罪前人亂丟垃圾的惡行，而是重新集合大家的力量，用感恩的心把山上的垃圾傳下山，「這是一件好事，總有一天會把垃圾清乾淨。」

美麗的錯誤　守護好山林

從小在觀音山附近長大的楊海塗，目前是「新北市五股農業旅遊發展協會」總幹事，該協會平時就會帶領小學生來觀音山，介紹在地的人文景觀及環境生態。這次受到大家一次又一次的淨山舉動所感動，自覺慚愧，最後也忍不住號召會員一同來加入。

他想起小時候，鄰居幾乎都會上去硬漢嶺賣飲料、食品等，以維持家計；當時還沒有環保概念，一賣完的垃圾就往山下倒，成為很普遍的現象。但現在不會了，他認為藉由這次的活動，讓更多人不會再亂丟垃圾。

「當初的錯誤，造就大家來參與，這是一個美麗的錯誤，更知道要愛護山林。」楊海塗感受到淨山活動非常成功，是一個很好的環境教育；感動之餘，他深深體悟到：「觀音山不是只有在地人的，觀音山是大家的；非常感謝還有這麼多的好朋友。」

四次的觀音山淨山活動，從最初幾個人的默默耕耘，到

慈濟志工扮演起橋梁的角色，然後開枝散葉，包括北海岸及觀音山國家風景區管理處、新北市五股區農業旅遊發展協會、新北市五股區社區環保志工隊、新北市八里區社區環保志工隊、疼惜地球家園護生協會、觀音山導覽志工隊、華碩文教基金會、亞洲形上揹水隊、北區慈濟志工、大愛電視臺、扶輪社，以及在地鄉親與熱情山友等。逐漸喚起民眾對愛護山林的重視，也讓慈悲的觀音重回原本清淨的面貌。

觀音山第四次淨山活動，參加的包括華碩的員工、人文志業中心的同仁、亞洲形上揹水隊、八里區公所的環保志工等紛紛響應，更有不少登山客臨時加入淨山的行列，總共號召有五百多人，為愛護地球，更為還給寧靜觀音山美麗風貌。（攝影／王有祿）

與病毒和諧共處

——江淑怡

二○一九年末，一場世紀大災難，無聲息地來到這個世界，它的起因可能只是由於某隻蝙蝠將身上的冠狀病毒，傳播到另一隻野生動物身上，病毒開始產生變異，取得某些可以寄生到人類身上的基因，再從這隻野生動物傳播到某個人身上，從此「新冠病毒」（COVID-19）開始進入人類世界，展開它的全球旅程，所到之處，人類只能緊閉門窗、戴上口罩、

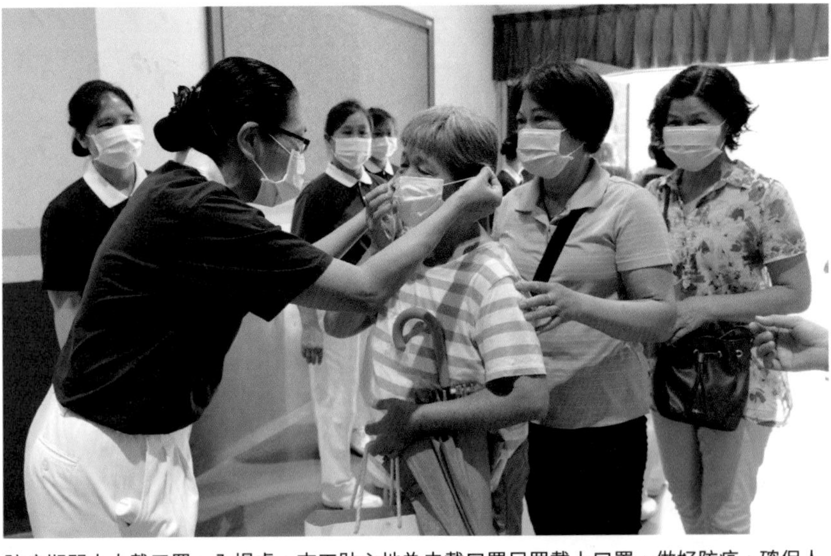

防疫期間人人戴口罩，入場處，志工貼心地為未戴口罩民眾戴上口罩，做好防疫，確保人人安全。（攝影／邱明志）

因應 2019 新型冠狀病毒，全民防疫。（攝影／黃秀琴）

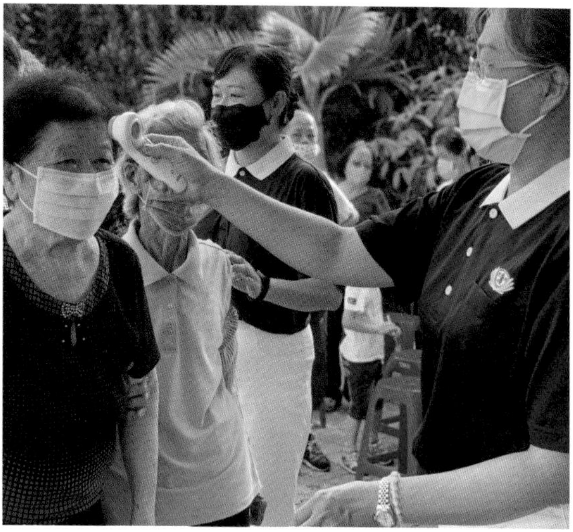

防疫期間為確保大眾安全，志工為大家量額溫及酒精消毒。（攝影／沈雅慧）

保持社交距離，封城、鎖國，結束各種外出和人與人的親近接觸。

我們還沒準備好

這場世紀浩劫，並非沒有人能預知它的到來，這已經是二十一世紀以來，冠狀病毒家族成員第三次肆虐了，蝙蝠無法直接將冠狀病毒傳給人類，但透過中介的野生動物媒介，就有機會傳染給人類，這個流程無法預測何時、何處會被完成，但始終有可能在無預期的地方爆發。

二〇〇三年的SARS、二〇一二年的MERS病毒突然降臨人類生活的領域，都曾經造成區域性的緊張。二〇一五年比爾．蓋茲在ＴＥＤ的一場演講中特別提出病毒大流行的威脅，並且以造成數千萬人往生的西班牙流感比擬人類可能遭遇到的重大災難，認為我們花費大量金錢在核武威脅上，卻極少投資在防止流行病的系統，也沒有為這件可能需要動員全球性數十萬專業人員共同防堵的傳染病，做出預防措施。當時他坦言：「我們還沒準備好！」希望喚醒全球人類的重視。

然而，一切都來不及！二〇一九年底「新冠肺炎」疫情的爆發和隨後的大流行，不僅威脅人們的生命，而且對於人類行為、日常生活、文化互動、政治型態、全球產業鏈，都造成了超乎預期的影響。從東半球延燒到西半球乃至全球一百多個國家，截至二〇二〇年十月底，已超過四千萬人確診，一百多萬人往生，疫情仍未見停歇，對人類整體發展影響之深，實在難以評估。

其實，對人類生存產生重大威脅的，不只是冠狀病毒，病毒家族中，還有西班牙流感，以及近年來讓人聞之色變的禽流感，每當禽鳥遷移的季節，這種人禽共同傳染的病毒在大型養雞場出現，往往連帶的就是數以萬計的家禽即刻被撲殺，以消滅病源。還有細菌，不乾淨的空氣、水、食物中的細菌，也是許多嚴重疾病的來源，例如傷寒、霍亂是由食物和飲水中的細菌引起的，而曾在十四世紀奪走七、八千萬人生命，俗稱「黑死病」的鼠疫，

花蓮慈濟科技大學舉行畢業典禮，因應二〇一九新型冠狀病毒疫情，慈濟科技大學區分十四個場地，採用多機作業轉播，透過視訊同步進行典禮，師生相互感恩，也祝福學子們平安順利邁向人生新旅程。（提供／慈濟科技大學）

則是由跳蚤傳播鼠疫桿菌所導致的。

而令人費解的是，隨著科技與醫藥的發達，過去讓人聞之色變的很多疾病得到了控制，但卻有層出不窮的、以前沒有的疾病出現，並且常令人一時束手無策，究竟病毒和人類之間是處於什麼樣的關係呢？越來越多專家學者透過研究數據得到了一些共同的結論：新疾病的發生、舊病的捲土重來，與人類生活型態改變、自然環境受破壞，以及氣候變遷有密不可分的關係！

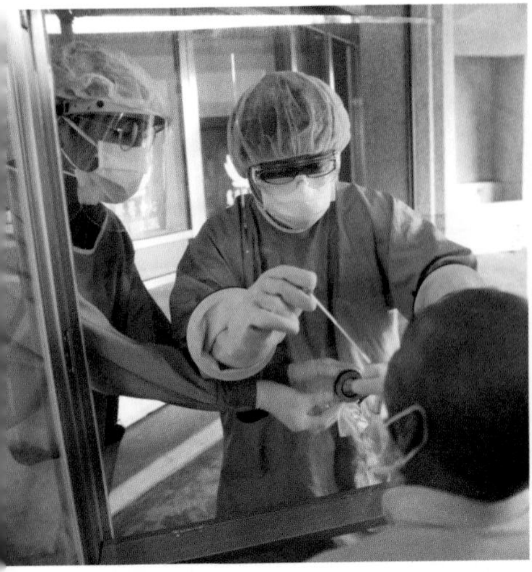

花蓮慈院首創行動負壓採檢站，不需要直接接觸到看診民眾，就可以完成多項檢體採集工作。（提供／花蓮慈濟醫院）

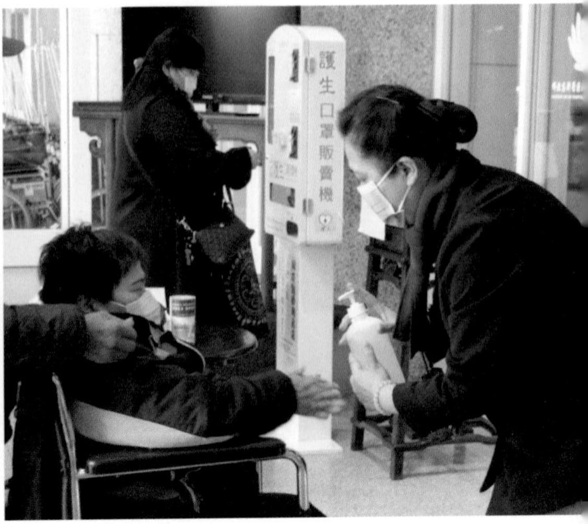

臺中慈濟醫院副院長莊淑婷為民眾消毒清潔雙手。（提供／臺中慈濟醫院公傳室）

慎防大自然的反撲

地球上的每種生物都要依賴其他物種才能生存繁衍，反之，牠們也各有自己的天敵，相生相剋之下，生態因此保持平衡。原本，病毒在蝙蝠等野生動物宿主的體內，自然繁衍，但人類大量破壞自然環境，部分野生動物棲地消失，並與人類居住範圍或畜牧地區密切接觸，增加與家禽、家畜及人類接觸感染的機會，造成人與動物之間病毒變異的機會大增，甚至人類食用動物而直接感染。

《獸醫學》期刊（Veterinary Science）指出，過去八十年間新興傳染病為人畜共通，高達百分之七十二的源頭為野生動物。像是一九八〇年代發現愛滋病毒可能源自猿猴；二〇〇四年至二〇〇七年的鳥類出現禽流感；二〇〇九年則有豬流感；而令人印象深刻的SARS是由菊頭蝠傳染給中間宿主果子狸，再傳給人類；伊波拉病毒則被認為是可能是由果蝠傳出，對人類和靈長類動物威脅極大。

未來若再加上全球暖化，許多科學家更擔心的是幾千萬年被冰凍在永凍層裡的病毒或細菌重新復活，包括已經絕跡的西班牙流感、天花，甚至一些人類仍不清楚的史前病毒，都有可能再現跡人間。

事實上，全球溫度上升，所引發的問題還不止這些，氣候變遷下，許多存活於熱帶的傳染病，也隨之向副熱帶擴展。衛生福利部在二〇一八年《因應氣候變遷之健康衝擊政策白皮書（二版）》就提及許多相關的內容。

以登革熱為例，一九七〇年之前僅有九國發生登革

高雄凹仔底公園。
（攝影／周幸弘）

熱流行疫情，然而目前全球已超過一百個國家有登革熱流行疫情，主要分布於非洲、美洲、中東、東南亞及西太平洋地區；二〇一〇年登革熱更首度蔓延至法國及中歐的克羅埃西亞；二〇一三年在美國佛羅里達現蹤，二〇一六至二〇一七年美洲地區發生大規模的流行疫情；而東南亞及西太平洋地區的登革熱疫情近年來也益形嚴峻。臺灣的發生率就比過去五十年增加了三十倍，是目前傳播最快速的病媒傳染病，影響民眾甚鉅。

氣候變遷帶來溫度與雨量、濕度的改變，影響病媒生態及生命週期，增加病毒的活性，加快病媒繁衍速度，使病媒傳染病快速傳播。ＷＨＯ公布全球重要病媒傳染病包括登革熱、屈公病、剛果克里米亞出血熱、淋巴絲蟲病、萊姆病、瘧疾、黃熱病等，其所造成的疾病負擔占所有感染症的百分之十七。

同時增加風災水災等極端天氣事件發生頻率及強度，而天然災害發生後，由於居住環境受到破壞，災區居民可能缺乏清潔的飲食與飲用水，助長腸道傳染病的發生，如二〇〇八年緬甸風災、二〇一〇年海地震災及二〇一六年海地風災後皆發生之大規模霍亂疫情；或是經由接觸到受汙染的水、泥土或塵土微粒等，而遭受環境中伺機性病原的感染，例如類鼻疽及鉤端螺旋體病等。

自然也有它的平衡之道。（攝影／劉文景）

病毒帶來的省思

這次新冠疫情為人類帶來新的省思，各國疫情嚴峻時刻，封城、鎖國，經濟放緩，人人停止不必要的消費活動、工廠停工、交通停擺，但天空、河流卻開始變得清澈明亮。美國太空總署（NASA）利用衛星監測全球二氧化氮排放，許多封城地方的上方，空氣汙染都大幅消失或減輕；恆河、威尼斯運河澄清了；都市居民讓出的生活空間，周邊的野生動物開始進入，漫步在市區大馬路上或是公園；印度約三十萬隻的欖蠵龜，終於不必為了躲避沙灘擁擠的人潮，而在白天壯麗上岸產卵。

人們有機會看到，過去我們是如何破壞

大自然、壓縮野生動物生存的空間；而且製造大量的溫室氣體，造成全球暖化；又讓病毒、細菌威脅人類的生存。而能夠同時解決這三個問題的方法，就是素食和少肉。

根據聯合國糧農組織二〇一五年的資料，全球畜牧業排放的甲烷是每年七點一億噸二氧化碳當量，占全球人為溫室氣體排放量的百分之十四點五。歐盟畜牧業

畜牧業排放的溫室氣體，是造成全球暖化重要的原因之一。（攝影／溫寶琴）

甲烷排放量估總溫室氣體排放的百分之十二點八，美國占百分之十；歐盟每年生產八十三億隻的食用動物，美國則是一百億隻。

長期倡議環境和動物福利的德國歐洲議會議員萊恩（Jo Leinen）在國際人道協會邊會上指出，畜牧業往往傷害動物、人類和地球的健康。據萊恩估計，每年有七百六十億動物被畜養和宰殺，製成食品。「肉類對溫室氣體排放的貢獻比全球交通運輸還高。」

面對日益嚴重的地球暖化是個客觀事實，身為地球公民一份子，都應試著放下口腹之欲，戮力嘗試可以改善的方法並從日常生活落實起——素食或少肉，將更多畜牧的糧食與土地還給大自然，應該是個值得遵循的飲食方式，健康、環保又慈悲。

病從口入，就要杜絕致病的生命進入口中！證嚴上人呼籲：「人為萬物之靈，本來就是要庇護萬物！這一波大災難，是給予人類的學習——對人要尊重，對己要謙卑。」在各個領域的專家學者提出的解方中，大家持續努力的同時，何妨給自己另一個出路，用謙卑的行動來實現珍惜資源、愛護地球、少肉減碳、尊重生命的理念，還給萬物一個美好的地球、以及平衡的生態。

守住溫度臨界點

——羅世明

二〇一八年北加州坎普山火（Camp Fire）因乾旱和強風天氣下，火勢迅速延燒，摧毀整個天堂鎮（Paradise）。大火延燒十七天，超過五萬人撤離，火場封鎖，警消人員投入搶救。（攝影／美國總會）

現今全球暖化引發極端氣候，熱浪、野火、暴洪、颶風、乾旱，以及海平面上升等極端氣候災難，早已不是電影中的情景，而是地球上許多「氣候難民」面對生死存亡的真實情境，需要全人類拿出共同改變我們的生活的決心，才有辦法力挽狂瀾。

極端氣候和環境變遷的問題，始終與人類文明發展形影不離，甚至許多歷史上失落的文明，傳聞皆與大自然突發的災難有關。一些歷史上的神話故事，如今看來更有似曾相識的感覺。

聖經上記載的大洪水與諾亞方舟載運生物避難保種的傳說，猶如現今常見的百年難遇的洪水威脅；而挪威政府收集數十萬種農作物種子，在北極圈永凍層內設立「末日種子庫」的行動，正是現代諾亞方舟的保種計畫；佛經描述世界敗壞之前，各地紛起的水、火、風大三災景象，對照著這些年來全球各地頻傳的世紀災難——履破紀

緬甸屬熱帶季風氣候，三至五月是暑季，也是農業休耕期，二〇一九年炙日高溫曝曬，地表嚴重龜裂、河川乾涸。
（攝影／蕭耀華）

錄的豪雨、高溫；連燒半年以上的漫天林火；超完美結構的強烈颶風來襲……

一切不再是神話，全球暖化已成為影響人類生存發展的最大威脅！二〇一九年十一月，歐洲議會正式達成共識，宣布歐洲及全球進入「氣候緊急狀態」（Climate Emergency），取代「氣候變遷」（Climte Change）的緩和用語，強調應盡速提出面對氣候緊急狀態之策略；英國牛津英語辭典也將「氣候緊急狀態」選為二〇一九年年度詞彙，其定義為「一種嚴重且危險的事件或情境，需要立即採取行動。」強調全球氣候即將失去控

二〇一七年十月美國加州北部於發生森林大火，在風勢的助長下，大火迅速蔓延，重創納帕（Napa）、索諾馬（Sonoma）等地，火勢延燒到住宅區、商業區，民眾傷亡慘重。（攝影／容長明）

制，如果不積極作為，全體人類的生活將因此大受危害。

極端氣候的徵兆

一九六〇年代前後，科學家發現每隔數年赤道東太平洋海水會發生異常增溫或偏冷的現象，並影響全球氣候，這種有規則性的異常循環，被稱之為聖嬰現象和反聖嬰現象。這些異常氣候，往往導致洪水、乾旱，為人類帶來糧荒及災難。

稍後，科學家也於一九八五年發現南極臭氧層破洞，歸納出是由氟氯碳化物所造成的，氟氯碳化物是一種普遍運用於噴霧劑、冰箱、冷氣機的氣體。兩年後，全球一百九十七個國家共同簽署「蒙特婁破壞臭氧層物質管制議定書」，逐步全面禁用氟氯碳化合物，讓臭氧層破洞逐漸恢復。

臭氧層破洞修補行動的成效，振奮了全世界，認為透過全球的共識合作，人類共同解救地球危機是有希望的。然而，接下來發現的二氧化碳、甲烷等溫室氣體造成地球暖化的問題，卻重重地挫折全世界。

約莫在一九八〇年前後，已有許多證據指出大氣中二氧化碳濃度的上升與全球暖化有關，亟待更多研究。一九八八年遂由聯合國召集科學家組成「聯合國政府間氣候變遷專門委員會」（Intergovernmental Panel on Climate Change），簡稱ＩＰＣＣ，號召數千位科學家與專家投入研究人為影響氣候變遷的風險，包括自然、政治、經濟等面向，向全世界提供客觀的科學資訊及因應之道。

一九九二年，聯合國環境與發展會議（The United Nations Conference on Environment and Development，簡稱UNCED）在巴西里約召開，這次會議又被稱為「地球高峰會」，在此次會議中，提出了許多開創性的環保與永續發展的議題方向，最重要的就是與會的一百多個國家開放簽署「聯合國氣候變遷綱要公約」（United Nations Framework Convention on Climate Change）和「生物多樣性公約」（Convention on Biological Diversity）兩個具法律拘束力之協議，決定全球共同面對氣候變遷和永續發展的行動。

其中「聯合國氣候變遷綱要公約」的締約方自一九九五年起，每年召開「締約方會議」（Conferences of the Parties，COP），一九九七年第三次在日本京都召開的COP大會上，確認二氧化碳等溫室氣體就是造成全球暖化的元凶，決定應該先由歷史責任上，從工業革命以來排放較多溫室氣體的已開發國家開始做起，因此通過《京都議定書》，要求公約附件中的已開發國家承擔起溫室氣體減量的義務。

由於《京都議定書》具有法律約束力，讓各國在「減碳」與「經濟發展」之間猶豫抉擇，接下來數年間，陸續發生美國小布希總統拒絕批准、加拿大退出、許多國家未能提出承諾等事件，讓《京都議定書》最終難以執行，只能另謀他法。

全球暖化與灰犀牛效應

二〇一五年COP第二十一次大會在巴黎召開，變更策略，改由各國自主提出減碳目標，希望在本世紀結束之前，將全球溫度控制在與工業革命前相比，最多升高攝氏一點五度到二度的範圍，也將減少碳排的義務擴及開發中國家，如中國、印度，此次會議亦是最多國家領導人參與的一屆，被視為「拯救地球最後、也是最佳的機會」。

近兩百個國家於大會中通過以《巴黎協定》取代《京都議定書》，由已開發國家提供氣候變遷資金，來幫助開發中國家減少溫室氣體排放，有能力面對全球氣候變遷帶來的後果；也讓各國以每五年為一週期，訂定自己的減排目標。

二〇一六年十月五日，全球批准《巴黎協定》的國家達到「雙五五生效標準」（五十五個國家簽署批准，且簽署國之碳排放總量達全球碳排放量之百分之五十五以上），協議在二〇一六年十一月四日正式生效，國際間共同合作解決暖化問題，再度呈現樂觀共識景象。

然而，好景不常，當各國開始研擬具體行動方案時，卻又為各項機制細節爭論不下，甚至否認全球暖化事實的聲音再起，碳排大國美國更率先於二〇一九年十一月通知聯合國，將正式退出《巴黎協議》。十二月在西班牙舉行的第二十五次COP會議，亦因各方無法達成共識，破天荒延長兩天兩夜的討論後仍然未果，最後只能將該屆討論的重要議題，延至下屆會議中做確認。

全球暖化問題日趨嚴重，但人類卻一再錯失共同解決危難的契機！根據科學家推算，當大氣中二氧化碳濃度達到四百五十PPM時，地球將升溫超過《巴黎協議》預訂上限二度。根據近十年全球二氧化碳每年增加二點三八PPM的平均量來計算，不必等到世紀末，預估只需到二

第九場慈濟記者會由（右起）慈濟基金會同仁黃恩婷、憂思科學家聯盟代表雷切爾女士、布魯斯諾茨（Bruce Knotts）一起討論如何減緩災難影響、災後修復與適應上達成一個具有社會與經濟平等的方法。
（提供／慈濟基金會）

同場記者會，大愛臺氣象主播彭啟明博士（左）、慈濟志工楊沃福（右）等人分享。
（提供／慈濟基金會）

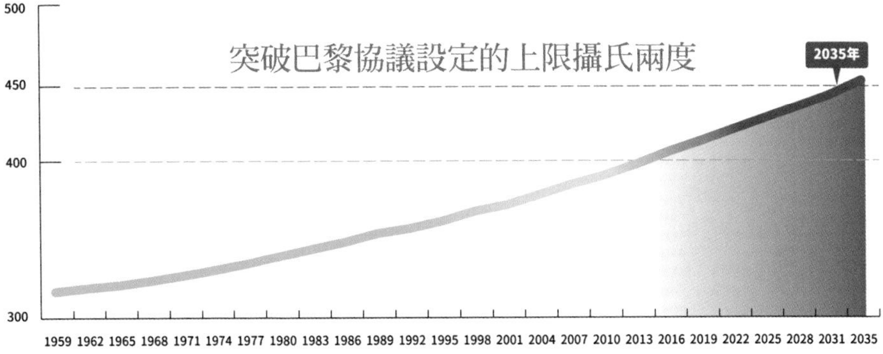

2015年超過400ppm
2019年達到412ppm
按近10年的增速（2.421ppm/y），預估2035年將超過450ppm

全球二氧化碳突破巴黎協議上限攝氏兩度推算圖。依 Mauna Loa 機構發布每年二氧化碳濃度最高量預估。

〇三五年，大氣中的二氧化碳即將突破四百五十ＰＰＭ！

危機緊迫在即，全球卻遲遲無法找到共同解決的方法，眼睜睜地看著危機越陷越深。二〇二〇年臺灣夏季持續高溫，七月二十四日下午二點十九分，中央氣象局臺北觀測站測到高溫三十九點七度，為一八九六年臺北氣象站成立以來最高溫，也打破連續達三十六度以上高溫十七天的紀錄。

就如同大愛電視氣象主播彭啟明博士所說：「風險管理中有兩個概念，一個叫做『黑天鵝』，一個叫做『灰犀牛』，『黑天鵝』指的是偶爾發生一次的大災難，那一刻會覺得很特別，但事情過了之後就結束了，莫拉克風災、九二一大地震都是黑天鵝事件。但氣候變遷跟這些都不一樣，它是屬於『灰犀牛』，這個犀牛很大一隻，你遠遠看見牠往你這邊衝了，可是你什麼時候要做準備？當牠已經到你旁邊再做準備，就來不及了！」而且越晚做，要再扭轉回來的代價是越高的，甚至是不可逆的變化！

臺灣 越來越熱

臺灣雖未能參與聯合國，但身處於同一個地球，自然也無法處於全球暖化的危機之外，從全臺灣十三個平地站年均溫來看，自一九四七年到二〇一九年之間，年均溫確實呈現明顯上升的趨勢。

而且根據德國看守協會依據四大指標——溫室氣體排放（百分之四十）、再生能源發展（百分之二十）、能源使用（百分之二十）、氣候政策（百分之二十）綜合評估，發布的「二〇二〇年氣候變遷績效指標」（Climate Change Performance Index，CCPI 2020）評比，臺灣位居全球倒數第三名。

此項評比以人均碳排放為主要指標，綠色能源及碳排放量為評比關鍵，未列入資源回收等臺灣表現較佳的環保項目，對以大宗貿易出口為導向，能源必須仰賴進口的臺灣來說，計分上非常不利，且與政府的能源政策、工業發展關係最大。（見臺電售電量公務統計報告）。

但無論如何，除了政府層面的作為，民間仍有許多努力的空間，為成為低碳社會而努力。就如慈濟及許多環保團體所

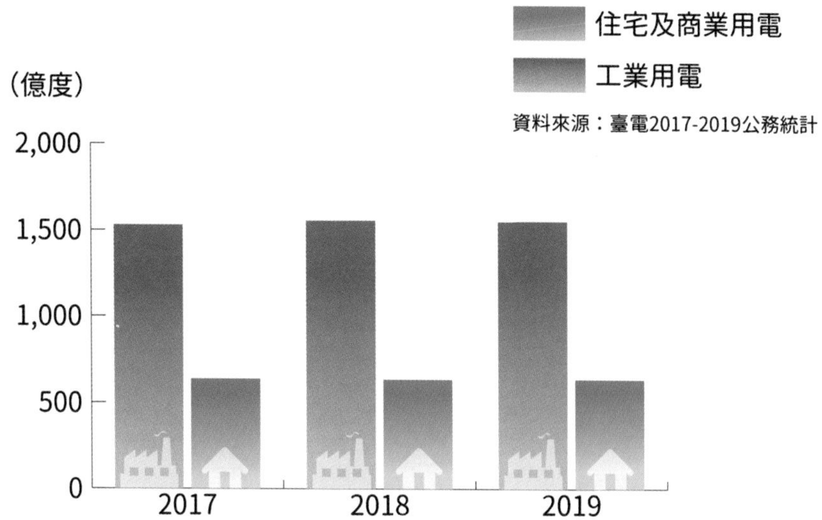

二〇一七至二〇一九臺電售電量分類圖，圖中數據可看出，臺灣工業用電的消耗，遠大於住宅及商業用電的總合，是臺灣碳排的主因。

推動的簡樸生活、不用一次性用品、資源回收、蔬食減碳、生態保育、食農教育、零垃圾等行動，都是延緩全球暖化的好方法，共同挽救人類的未來。

減碳與調適並進

臺灣師範大學環境教育研究所葉欣誠教授提醒，依現在的情況來看，「攝氏二度的來臨只是時間早晚的問題，如果我們今天努力比較多，那一天就會來得比較晚，我們就有更多準備時間去因應到時候可能會受到的傷害，人類比較有可能在這段時間之內，獲得科技上的創新或突破，才有革命性的改變，可以支撐我們再邁入下一個階段。」

除了「減碳」延緩暖化速度，以時間換取解決的機會之外，葉教授認為「調適」也是面對氣候緊急狀況很重要的一點，像慈濟體系在救災上的強調，是非常務實的，「人類接下來會面臨更多來自大自然的挑戰，而大自然的挑戰、條件的改變，是人類自己造成的，這是因果！我們接下來二、三十年就要進入災害旺盛期，全世界的災害尺度、頻率都會一直增加，越來越嚴重，我們調適的工作就得準備越扎實，才能在那樣災害來臨時，將生命財產損失降到最低。」

從一九七三年娜拉風災開始，慈濟基金會首次投入自然災害賑災，過程中發展出「直接、重點、尊重」的原則——親手將物資交給災民、發放給最需要的人、以感恩心付出無所求；以及建立「勘災、造冊」的發放稽核流程，四十餘年來於海內外大型賑災中累積經驗，建立起良好和有效的賑災模式。

近年來，面對全球暖化極端氣候加劇，慈濟基金會積極提升防災、救災能量，二〇一九年與中央氣象局簽署「防賑災氣象運用及教育推廣合作」備忘錄；與科技部災害防救科技中心，簽訂合作協議書，分享中央災害情資網平臺訊息，增進即時訊息取得及防救災效能；舉辦「全球防災與永續發展」國際研討會；並在苗栗慈濟園區啟用「慈濟防備災教育中心」，推廣全

四大志業—— 慈善 醫療 教育 人文

慈濟呼應聯合國永續發展目標。

聯合國永續發展目標（SDGs）。

民防救災風險意識。

然而，救災不如防災，而防災的根本就是落實節能減碳的環保生活，因此慈濟在環保教育的推動上仍不遺餘力，三十年來透過大愛電視、會眾宣導、環保教育站帶動等方式，日復一日倡議推動。近年來，更積極參與聯合國環保相關會議和活動之機會，在國際上推廣節能減碳理念與落實環保生活之行動。

二〇一九年慈濟基金會正式成為聯合國環境署（United Nations Environment Programme）觀察員，取得聯合國環境署會議訊息，並得以觀察員身分出席相關會議，以非政府組織角度，在聯合國環境署大會時，可提出環保政策制定建議，並且呼籲聯合國採取對環保的有效行動，期能在國際上帶動起節能減碳、環保生活之影響力。

近年來，慈濟基金會更積極響應聯合國於二〇一五年提出的「永續發展目標」（Sustainable Development Goals，簡稱ＳＤＧｓ）十七項核心指標，全球環保問題不是獨立事項，而是與其他領域環環相扣，必須結合所有資源，共同努力來達到永續發展的目標。因此，慈濟基金會以四大志業——慈善、醫療、教育、人文的力量，共同推動永續發展，期待為人類未來的永續盡一份心力。

全球暖化與災難防治

——羅世明、朱秀蓮

全球暖化引發氣候變異，極端氣候出現的頻率不斷升高，強風、暴雨、大火、高溫、海水上升等等，過去百年一遇的災況，如今在全球早已是數年一見或是年年發生，甚至屢破紀錄。

二〇一九年日本連續遭受法西和哈吉貝兩個強颱侵襲，不僅人員傷亡者眾，財產損失也創下紀錄，根據標準普爾（S&P）公司計算，支付兩強颱破壞的保險金超過二兆日元（約新臺幣五千六百五十四億元），創下史上新高；二〇一九年澳洲發生史無前例的大火，野火提前到春季發生，持續至隔年，超過五個月以上的

哈吉貝颱風侵襲日本，強風豪雨造成關東及東北地區慘重災情。（攝影／吳惠珍）

時間，估計至少造成十億隻以上野生動物往生；二〇二〇年夏季，中國大陸出現三峽建壩以來最大洪峰，長江多條支流超過歷史水位，中游的鄱陽湖水位亦創下歷史新高；被譽為世界最寒冷的地方之一

哈吉貝颱風侵襲日本，強風豪雨造成關東及東北地區慘重災情。（攝影／石塚早耶子）

的俄羅斯薩哈共和國維爾霍揚斯克小鎮（Verkhoyansk），過去當地六月均溫約攝氏十三度，二〇二〇年六月二十日出現攝氏三十八度高溫，打破北極圈最熱紀錄。

這麼多的大型災難頻繁發生且屢破紀錄，使得全球急難救助不論是觀念、等級、訓練和裝備都亟待提升，尤其是防災和備災的推動，面對全球暖化的威脅，將災難防範於未然，更是迫不及待。

慈濟急難救助發展

慈濟基金會從一九六九年中秋節因臺東大南村發生大火，開始第一次的急難救助

行動，緊急致贈無家可歸的災民毛毯等日用品。一九七三年十月，強烈颱風娜拉的外圍環流，為臺灣東部帶來豪雨，引發嚴重水災；證嚴上人帶領著慈濟志工，依取得之災民資料，逐一過濾、深入複查，確定出六百七十一戶災後無法復原，造冊列為濟助對象，隨即進行發放。至此，以「直接、重點」——親手發放、給最需要的受災戶這套賑災模式，透過「勘災、造冊、發放」，首度建立起來。

一九九六年七月，賀伯颱風侵襲臺灣，破紀錄的豪雨，為全臺灣各地造成重大災難，全臺各地慈濟志工涉水發放熱食。這次災難也啟動慈濟對於賑災人員訓練及水上運輸工具研發的思維，災後成立「水運組」，後更名為「慈濟急難救助隊」。

此外，為配合急難救助即時性需求，慈濟志工組織亦大幅調整，從過去依人脈關係組成之社區志工組隊，改為依地區屬性重新組合，鄰近社區的志工歸為同一組，災難發生時能就近前往關懷，減少組員跨

一九六九年九月二十七日中秋夜，艾爾西颱風來襲，焚風持續不斷，卑南鄉大南村在深夜發生大火，由於房屋多為草房比鄰而建，加上風助火勢，造成全村一四八間房屋燒毀，死亡四十七人，輕重傷兩百多人，全村幾成廢墟。證嚴上人聞訊，緊急發動委員救災，此為慈濟首次發起的大型急難救助。
（攝影／劉凌雲）

區往返時間。這次組織改造的成果，展現出來的就是災難發生時，慈濟志工幾乎總是能在第一時間趕赴現場，因為災難所在的地點，就在當地慈濟志工居住的附近，而且當地志工還能提供災後長期關懷的服務。

一九九六年賀伯風災，通往高雄山區的道路嚴重坍方，甲仙、三民兩地鄉親合作架設簡便的「竹子橋」，以供鄉親通行。志工走在僅有四、五十公分，竹子搭的便橋上，將一箱箱的物資送入災區。
（攝影／趙碧輝）

三年後的九二一大地震，慈濟社區志工制度發揮最大的效能，全臺每個災難現場，當地慈濟志工即時投入，外地志工迅速馳援接力，慈濟基金會整合調度，前線志工評估即時賑災需求，向後方提出，後方立即募集調度物資，安排運送，透過前線志工親自送抵需求災民手中。若已無需求，前線志工亦會即刻通報，將物資轉移其他需要的地方，或由後方即時停止募集，避免物資浪費或供需失調，辜負捐贈者的愛心。

九二一大地震賑災過程，讓慈濟建立起大型災難賑災模式，分三階段進行賑災：急難救助、安頓與關懷、復建與重建。在那之後，全球重大自然災害與全球暖化的關連性，越來越明顯，極端氣候造成的災難規模也越來越大，越來越頻繁。

從應災到防災、備災

二〇〇九年八月七日深夜，莫拉克颱風在花蓮登陸，第二天午後從桃園出海，雖是偏北的路徑，卻在臺灣中南部和東南部降下史上罕見的暴雨，使得全臺十一個縣市受到波及，南投、嘉義、臺南、高雄、屏東、臺東全成了重災區。對災民來說，那一年的八月八日無異是最悲情的父親節。

行政院莫拉克颱風災後重建推動委員會執行長，現為臺大土木系名譽教授的陳振川教授，在二〇一九年九月十九日以「全球防災與永續發展」為主題的第五屆「慈濟論壇」研討會中，回顧十年前這場近半世紀以來，臺灣氣象史上傷亡最慘重的侵臺風災，提出多項統計資料，至今看來，依然令人怵目驚心。

「莫拉克颱風帶來破歷史紀錄的雨

災後一個多月，土石流吞噬那瑪夏鄉南沙魯村的災況歷歷在目。
（攝影／林炎煌）

量，阿里山地區七十二小時累積雨量達三千零五十九點五厘米，為臺灣歷年最高雨量，其二十四及四十八小時累積雨量一千六百二十三點五及二千三百六十一厘米，也逼近世界降雨極端值。」陳振川教授引用經濟部水利署第七河川局測得資料，「尖峰流量二萬九千一百cms（立方公尺／秒），推估是臺灣二百年來第一大流量，造成河川流域近五十年來最大颱洪災情。」

這場「高強度、高延時」的降雨，導致多重性複合型災害及深層崩塌，淹水、山崩、土石流使得全臺百分之四十的人口受災，受災面積達半個臺灣之廣，累計造成五十一萬零六百六十八人受災，使四十九

土石流掩埋了小林村九到十八鄰，成為大片土黃色平原。道路搶通後，人員機具入內開挖，直升機持續山區搜救任務。（攝影／蕭耀華）

萬一千四百七十七人飽受淹水之苦，全臺有六百七十三人死亡、二十六人失蹤。其中，高雄縣甲仙鄉小林村慘遭滅村，四百七十四人魂斷家園，更是震驚全臺。

過去傳統「應災」的方式——災難發生後才開始思考如何救災，已不足以應對全球暖化導致的極端氣候災情，必須往備

莫拉克風災桃園地區慈濟志工自備工具南下屏東災區打掃。（攝影／古繼紅）

車載式行動式淨水系統，是工研院、水利署與慈濟「慈悲科技」領域，合作開發的新一代賑災利器。Qwater 具備 3Q 一快組（Quick），模組化設備能在短時間內快速組裝完成、品質（Quality），符合飲用水標準、豐沛（Quantity），設備體積小但能產生大水量，單日最多能淨化十五噸水量，相當於解六千人的渴。（攝影／顏霖沼）

二〇一七年，臺北市政府消防局舉辦「國家防災日」防災教育宣導活動，慈濟志工於現場設置攤位，展示賑災用慈濟行動廚房。該設備展示後送至非洲的辛巴威供當地志工運用。（攝影／黃惠玲）

災、防災的方向去準備。在備災上，包括積極建立全球賑災物資的物流管理系統及人員的培訓，例如慈濟為了因應大型賑災所需，脫水製成的香積飯，平日放在門市通路上，如有緊急賑災需求，則通路架上及倉儲的香積飯可立即下架，轉為賑災使用，這樣可以節省預留賑災物資的倉儲空間，也可以保持物資的新鮮和流通性。

此外，行動廚房、淨水車、淨水設備、生質能源汽化爐、太陽能ＬＥＤ燈等「慈悲科技」賑災設備的研發，以及人員操作上的訓練，都必須配合賑災的需求來設計和培訓。這些設備平日沒有用的時候，可以轉為防災教育的展示及教材，一旦災難

慈濟基金會舉辦防救災科學營，中區急難救助隊志工指導學員駕駛「全地形多功能救災工作車」。（攝影／顏霖沼）

慈濟中區急難救助隊志工向學員解說行動淨水船各種功能使用方法。（攝影／顏人鵬）

二〇一五年復興航空班機墜入基隆河空難事件，氣候寒冷，救難潛水人員上岸後披著慈濟環保毛毯、圍著生質能源汽化爐取暖。（攝影／蔡翠櫻）

來臨，又立即可以熟練地派上用場。

而在防災上，最主要就在環境教育，如果一般人不能培養對天地的尊重，感恩它承載、滋養著我們的生命，將這種心情變成為一種生活態度，就無法真正落實環保，自然也遏阻不了全球暖化下逐漸上升的溫度。

社區防災　概念資源整合

因應全球暖化導致極端氣候下的防備災思維，二〇一九年慈濟基金會在慈濟苗栗園區推動成立「防備災教育中心」，作為防備災教育演訓場域，同時也推動環境教育，希望從生活態度轉變，來達到根本防災的效果。園區內有設有防備災教育館、環保教育館，以及種植林木的自然環境可以從事戶外生態教學，同時也與社區互動，成為社區長照樂齡學堂、志工活動的場所。

慈濟基金會災防組組長呂學正說：「當初設計規畫的時候，想到一種比較完整性的理念，所以就把三個主軸先拉出來，一個叫做環境領域，一個叫做人文領域，一個叫做災害管理，把它放在園區裡面做整體性的思維。」

第一個環境領域有兩個區塊，分別是生態和環保教育，若環境沒做好，後面災害自然就增加；第二個是人文關懷，結合慈濟豐富的慈善訪視系統，為弱勢族群做好

減災、備災的準備，修繕老舊房屋，營建安全設施，增加他們面對災難的韌性。第三是災害管理，包括賑災物資的管理和人員的培訓。透過垂直整合，將生態、環保、人文關懷跟防災、備災、減災整合在一起。

二〇二〇年慈濟基金會與行政院法人國家災害防救科技中心（NCDR），簽訂「災防科技合作協議」；並與中央氣象局、國家實驗研究院國家地震工程研究中心及水利署簽訂合作備忘錄，共同透過「災害情資網」的圖資平臺，整合應用政府及民間災害防救資訊，透過衛星電子地圖，慈濟基金會可在災區周圍進行快篩，快速動員鄰近的志工和救災物資，即時進入災區進行急難救助、淨水和熱食提供，以及災民的心靈關懷等等。

同時也舉行由慈濟基金會主辦，健行科技大學承辦的「無人飛行載具勘災與資料處理研習營」，三天的課程由健行科大應用空間資訊系黎驥文主任規畫，特別邀請氣象專家毛正氣博士、專業飛行的吳聖村教授及救災資料建構應用等專業講師來授

莫拉克風災後，慈濟為受災鄉親援建的高雄杉林慈濟大愛園區全景。（攝影／劉森雲）

課；慈濟志工上課內容含靜態及動態，透過無人機的實際操作取得資格認證，及學習應用無人機災難調查的資料做影像的整合，然後將結果應用在勘災及救災上。

高雄杉林大愛園區內，漢民區永久住宅景觀，以石頭、花草造景的庭院。（攝影／劉森雲）

在慈濟中壢志業園區做實拍作業，學員在健行科技大學助教的陪同下，學習飛行及拍照實作。（攝影／江展楠）

為了加強民間自主防救災的推動，新北市在慈濟雙和靜思堂辦理「防災士培訓」，近六百人共同參與，從居家安全到跨部門應變，對象擴及社區里民和警義消及慈濟志工一起精進學習，未來將成為社區骨幹，也可以配合公部門積極推動防災工作。
（攝影／孫保源）

志工多方學習，考取各種防救災證照，充實環境教育的內涵，推廣社區自主防救災觀念。呂學正說：「一方面我們培養整體環境規劃能力，所以也培養我們的『防災士』種子講師，然後自己去推廣這些觀念。但我們推廣不會只走所謂的環境社區，我們一定會走入家戶，將防災與慈善人文關懷整合，這就是我們跟人家不一樣的地方。」

二〇一九年兩百六十多位慈濟志工通過各縣市舉辦的防災士培訓，隔年慈濟基金會取得「內政部消防署」正式核定為防災士培訓機構，自主規畫培訓。防災士並不是職業，而是在社區裡面具備防災的知識、訓練及技能的志工，配合社區防救災等工作，特別是大規模的災害，政府沒有辦法在第一時間投入救災資源前，防災士能啟動社區自主救援能力，協助自己的家人跟鄰居脫困。

呂學正說：「政策方向是要推動自主防災百分之七十，互助防災百分之二十，公辦的防災就是政府救助那塊是百分之十，所以它的比重就開始慢慢往民間、社區這邊走。」不過，他也認為，防備災真正的重點，還是在於是否養成簡樸、環保的生活態度。「如果這個生活態度沒辦法建立，所有的這些模組對你是沒有幫助，因為你沒有虔誠的心態去面對你的安全，當你真正沒有養成那個習慣，突然間去應變，這個困難度很高。」

極端氣候下，沒有人知道下一個災難會發生在哪裡！追本溯源，還是要回到全球暖化引發極端氣候的議題上，從個人到團體、社會一起保護生態、節能減碳，讓地球的升溫趨緩才是防災的當務之急。

防災士培訓全體學員於慈濟雙和靜思堂道侶廣場大合照。（攝影／孫保源）

生物多樣性與糧食危機

——羅世明

人與大自然的關係究竟是什麼？

遠古時代以來，人類的食、衣、住、行，無不仰賴大地的資源與對自然界的觀察學習。中國古代傳說中神農嘗百草、燧人氏用火，甚至後代的中醫藥草等等，無不呈現出人類取法大自然，累積智慧的成果。

西方也是一樣，人類從對鳥、蜻蜓等的觀察，發明各種飛行器；從魚鰾的充氣調節，發明潛水艇；從電魚的發電器官的研究，做出第一顆電池；模仿蝙蝠的回聲定位系統，製造出雷達；從貓的夜視能力，發展出夜視鏡等等。

因此，大自然不僅是育養人類的母親，也是人類的導師，更是一間浩瀚無垠的基因庫，隨時提供我們資源，提供我們各種在宇宙中生存的技能；大至蒼穹，小至每種真菌都有其特色、各有其功能，呈現各種不同的智慧形態，供人類不斷學習利用，建構出文明的長河。

拯救物種　刻不容緩

然而，看似無盡的資源，也終有耗盡

的一天。工業革命以來，人類大規模破壞環境，讓其他物種的生存環境遭到空前的威脅。一九九二年聯合國環境與發展會議（The United Nations Conference on Environment and Development，簡稱UNCED）在巴西里約召開，開放各國簽署「生物多樣性公約」，致力保護生物多樣性。因為地球上繁複的生物面貌一旦急速消失，也將間接威脅到人類的生存。特別是當今全球暖化，環境急劇變遷之際，人類更需向其他生物學習應變，但也許某些生物早已錯過時機，在人類尚未了解牠們之前，早已在地球上消失。

因此，雖然「生物多樣性公約」得到大部份國家的公開支持，但令人遺憾的是，

大自然多樣的物種，是人類的導師和基因庫。（攝影／周幸弘）

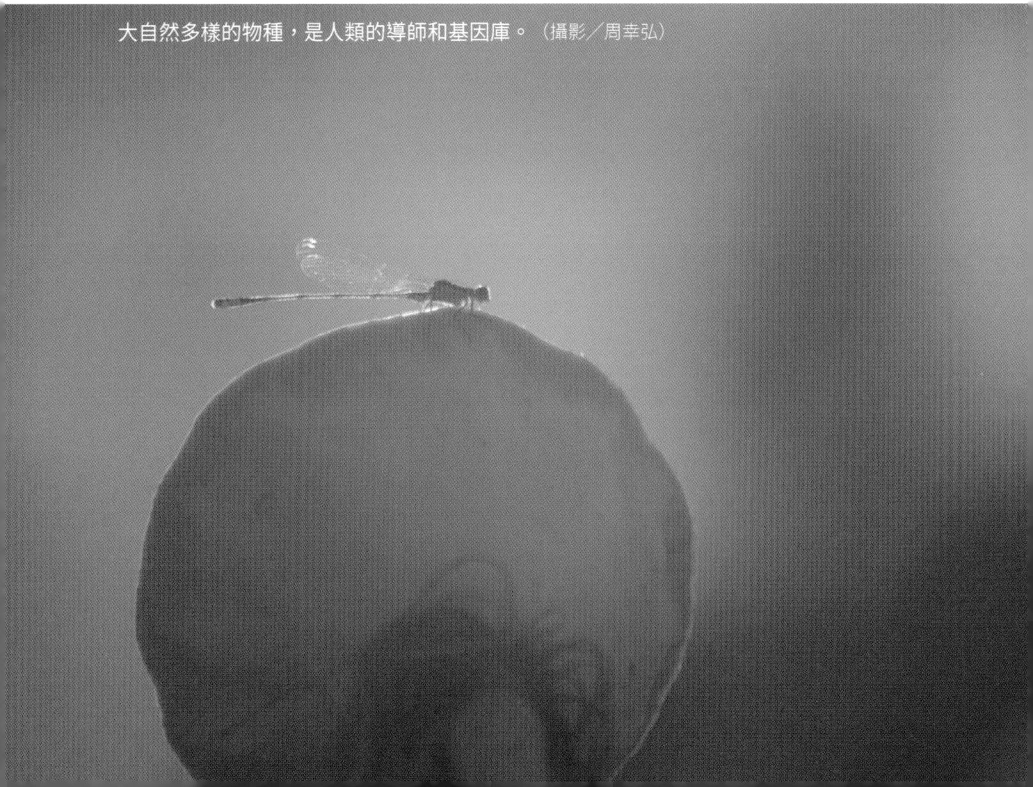

近年來全球生物的滅絕卻是越演越烈，不因公約的簽署稍有暫緩。與過去數百年前相比，從一九七〇年到二〇一四年間，全球脊椎動物族群數量減少了百分之六十，在最嚴重的拉丁美洲亞馬遜雨林一帶，甚至有將近九成的生物消失。

清華大學生命科學系李家維教授遺憾指出，二〇一七年國際上的珊瑚礁專家齊聚討論，結論是在地球持續升溫下，珊瑚嚴重白化，廣布於熱帶地區的珊瑚礁已幾乎不可挽救，所能做的只剩下選擇全球五十個珊瑚礁區，大家集中力量設法去營救。而隨著全球珊瑚白化死亡之後，接著消失的就是依附珊瑚礁生存的海洋生態系統。

場景轉換到臺灣，也能看到類似的事情。在南部，近年來隨著全球升溫，原本盛行於熱帶的登革熱傳染病，不時爆發且往北擴散，對民眾生命安全造成威脅。為了消滅登革熱病媒蚊，地方政府全面噴灑殺蟲劑，蚊子被消滅的同時，連帶其他的昆蟲也都被殺死，生物鏈環環相扣下，以蚊子、昆蟲為食的蝙蝠、青蛙、蜻蜓也都相繼消失。

類似的情況，不斷在全球各地上演，有人為、也有自然造成的，導致地球生物不是一種種地滅絕，而是一組組生態系統如骨牌般地串連倒下。

二〇一八年世界自然基金會（WWF）發布的《地球生命力報告（Living Planet Report）》指出，各種野生動物消失的速度，較數百年前快上一百至一千倍。WWF的英國專案負責人潭雅（Tanya Steele）說：「我們是意識到自己正在摧毀地球的第一個世代，也是能為此採取行動改變的最後一個世代。」顯示出解救地球生物滅絕所面對的急迫危機。

慈濟基金會前宗教處主任謝景貴，退休後投入自然農耕，成為「稻寶地幸運農」共同創辦人，他從過去在全球重大自然災害現場賑災的親身感受，到近年來投入自然農作的真實體驗，對於全球暖化下自然災害發生的危機感特別深，他悲觀地認為，「人類這個物種，他的適應性，跟他的智慧，似乎不太能夠處理這一次（全球暖化）的大危機。」全球溫室氣體急速增加，全球均溫即將突破攝氏二度這個門檻，近則十幾年，遠則可能也不會超過三十年，許多生態環境將產生不可逆的變化結果，特別是生物多樣性的消失，當地球越來越不適合人類生存時，人類將何去何從？

不過，全球暖化比較是人類遭遇到的問題，而不是地球的問題，因為就地球本身的歷史來說，二氧化碳濃度上升形成溫室效應，並非異常，從地球上有生命開始，二氧化碳的濃度本來就不時在變化。

李家維教授提及，「跟工業革命剛開始的時候相比，那時候二氧化碳濃度可能是二百八十PPM，現在是四百一十二PPM（二〇二〇年）左右。但是在地球剛開始有生命的時候，二氧化碳濃度可能是七千ＰＰＭ。五千萬年前恐龍已經滅絕，人類的祖先剛剛出現，蝙蝠剛剛出現，金魚也剛剛出現，那時候的二氧化碳濃度可能是三千、四千ＰＰＭ。」

所以，雖然溫室氣體的增加，對地球來說並非異常，但對現今生存在地球上的物種，卻是攸關存亡的大事。如果地球緩慢升溫，人類及其他物種調適和演化的腳步也許較能跟得上，但急遽升溫下，大、小生態系統迅速崩解，所面臨的恐怕是生態系統的全面重組，屆時人類是否能存活下來，或是如恐龍般的滅絕被其他物種所替代，將不得而知。

方舟計畫　攸關存續

為了延續人類的生存與生物多樣性的維繫，近年來各類保種的「方舟計畫」紛紛推出，特別是如何解決即將出現的全球糧荒問題。

過去人類大規模增產糧食，以應付不斷增加的人口，但在單一經濟作物的大量生產下，農作物的多元性逐漸消失。李家維教授認為：「真正的農業需要儲備多量的品系，對他們的生長有清楚的了解；以及持續組合不同的品系，創造出新品系來應對環境變遷的這一個努力，事實上是沒有被落實的。」

根據二〇二〇年《科學人》雜誌第

因應全球氣候的急劇變化，多樣性的保種變得非常重要。（攝影／涂鳳美）

二百一十六期報導，印度在五十年前左右還有十餘萬個地方稻米品種，現在卻銳減到不及百分之五。臺灣原住民的小米品種也是一樣，持續在種植的品種，也比過去減少很多，當多樣性的作物品系被少數高產量品種所取代時，一旦環境改變，高產量的品種存活不下去的時候，想重新再找回原來的品系往往為時已晚。在地球不斷升溫的威脅下，如何為生物多樣性的留存保種，因應未來地球升溫多變的需求，顯得非常重要。

目前存在的保種方式主要有幾種，其中之一是育種，這也是從老祖宗流傳下來的傳統方式，透過人工授粉配種或自然演化，在每一代中挑選長得最好的種子，透過物種個體的些微差異，可以將最適應環境的優良品種留下來。但這運用在現今似乎是緩不濟急。首先是趕不上經濟作物高產量與病蟲害防治的需求；其次是全球環境劇烈變動下，這種自然演化的速度很難趕得上變化的速度。

因此，基因改造雖然還存在許多不可確知的風險，但卻能符合快速改造物種、適應環境的需求，在未來糧食危機中，恐將扮演著越來越吃重的角色，若能透過規範避免不合宜之發展，在「能餵飽大家」、「先能活下來再說」的現實考量下，或許將成為未來勝出的最重要因素。

除此之外，還有一群人專注於種子基

氣候劇烈變遷的情況下，主要的糧食作物產量若產生變化，將會導致全球糧荒的問題發生。（攝影／王棉棉）

因庫的建立，留存多元化的物種基因，以利未來運用。但從挪威在北極永凍層中建立「末日種子庫」遭到永凍層融解破壞的經驗顯示，在氣候變異如此巨大的情況下，如何長久留存這些種子基因利用，將是一大考驗。

特別是熱帶地區的植物，多數種子壽命很短，不適於長期保存，需要活體保種，利用花房栽培等，做到多個體的保存。二○○七年在台泥企業集團的長期支持承諾下，提供在屏東縣高樹鄉的千頃農場土地成立「辜嚴倬雲植物保種中心」，邀請清華大學生命科學系李家維教授擔任保種中心執行長。

該中心截至二○二○年八月底，共蒐藏保育三萬三千多種植物，早已成為全球最大的植物保種中心，但這一切僅是保存生物多樣性夢想的開端而已。因為一個生態系是由無數的物種所共同建立起來的，僅靠單一物種保育，想回復原本複雜的生態系統，幾乎是不可能的。但這種如同「唐吉訶德」般的理想，又為何不得不做呢？李家維教授認為，如果連這一點努力都不做，那麼我們已經幾乎沒有更好的機會，挽回目前已被破壞的生態。

「如果你直接問這對生態系有什麼用處，經常都是不實際的問題，因為大多數物種在生態系扮演的角色，科學家並不知道，只能籠統地說牠會非常重要，因為生物之間是彼此依存的。例如一棵植物長在校園裡頭，他的根部可能有上千種的真菌住在上面，樹葉、莖幹上頭，也有數以百計的昆蟲跟其他的物種生活其中，而且經常是專一性的對應，這個物種需要哪些真菌、哪些細菌，哪一些昆蟲跟它有密切的關係，如果這個植物死了，這個物種消失了，帶動的都是數以百計其他物種的消失，所以這只能談原則，因為我們知道的太少。」

不過因為這原則是明確存在的，「也因此，在你不了解他之前，最理智的做法就是把現在活著的都保存下來，也不必去追理由，因為那都是複雜的科學研究，不是我們的能力或是現有的知識所了解的。」

共識共行　方能共度未來

李家維教授認為，每一個物種都很重要，但卻很難具體說明保育它的意義，「因為我們的目的是要重建一個被摧毀的自然，如果我只把植物留下來，其它的沒有留下來，它沒有意義啊！因為一個健康的生態系不能只靠這些植物，這些植物在我花房可以成長，但是到野地裡頭，它需要有昆蟲替它授粉，它也許需要蝙蝠替它授粉，它的種子散播可能需要靠鳥替它散播，在花房裡頭有足夠的肥料供應，但是在自然界裡頭沒有，它的根必須跟什麼真菌共生在一起，才可以提供它足夠的肥料，這一切都清楚地顯示，我們要留存的是一個完整的生態系，不是把它切割開來保存。但你問我為什麼你不做完整的，因為做不到！我們沒有能力，沒有這條件去告訴哪一個國家、哪一個地方說，這些物種你不可以侵犯，要保持住它，我們做不到，能做的就是分類群的保存。」

而且光做植物不夠，也必須同步推動到植物以外的生物，如土壤中的微生物、蚯蚓、昆蟲、青蛙、鳥類、蝙蝠等等的保種計畫。希望能將這些個別物種的保種過程記錄下來，製作成為成功保種的範本，讓大家學習，越多人在不同領域嚐試，就越有可能逐漸達到重建生態系的希望。

然而，就現實來說，這一切也許還是過度樂觀，因為減緩全球暖化的努力，需要對人類正面臨的生存危機有清楚認知，當全球大多數人共同展現願意改變的決心，真正展現成為改變的行動，事情才有轉機。

當覺醒的人太少，改變的力量不足時，謝景貴建議先強化個人糧食安全的準備意識和能力，藏糧於民。平日儲備長期存糧、乾淨的飲水、燃料，將園藝農藝化，以可食用的蔬果代替觀賞用的植物，在陽臺、屋頂或是土地上多種植蔬菜，以備危機來臨時，能夠自主渡過急難時刻，甚至有餘力幫助他人。

一切並非危言聳聽，而是人類真實面對的情境，我們能夠改變的時間所剩無幾，需要全體一起努力才有機會化「來不及」為「可能」。

蔬食減碳與身心靈健康

——林如萍、邱千蕙

近年來，英國皇家國際事務研究所、牛津大學等世界名校陸續提出報告，素食是減緩地球暖化的重要方法。聯合國跨政府氣候變遷小組（IPCC）前主席帕卓里博士（Dr. Pachauri）明確指出，遏止氣候變遷的方法就是不吃肉，並必須有更環保的生活方式。

根據聯合國的報告和科學的證據，就全球暖化而言，甲烷的有害性比二氧化碳強二十一倍，氧化亞氮比二氧化碳約強三百倍。而牲畜是產生甲烷的首要肇因，氧化亞氮也是牲畜產生的副產品。人們為食用肉類需要飼養許多家畜動物，而家畜會排放出甲烷，例如，一頭牛一天最高可製造出六十公升的甲烷。大氣中的甲烷約有百分之二十五由畜牧業飼養之家畜排放。

而在飼養製造肉品的過程中，人們為取得大片土地種植畜養牲畜、種植大豆等經濟作物，使得全球最大的熱帶雨林急速消失，也消耗大量的水資源。以美國而言，超過半數以上之用水，直接用來灌溉牧場以飼養牲畜。數據指出生產一磅的肉，平均會消耗掉相當於一個普通家庭一個月的用水量。生產一單位肉類食物所用的水，要遠高於生產同一單位植物類食物所用的水；這樣的用水，造成嚴重的經濟和生態方面的影響。

根據現代醫學研究，素食的營養、美味足以完全替代人類對於肉類的需求。為了環保，何不選擇支持素食呢？（攝影／蕭耀華）

週一無肉日　讓地球休息

全世界有越來越多的人開始選擇多吃蔬食少吃肉，原因與宗教信仰無關，出發點是健康與環保。例如，至少有二十多個國家響應的「週一無肉日」（Meatless Monday），源於二〇〇三年一群美國學者參考約翰霍普金斯大學彭博公共衛生學院、雪城大學與哥倫比亞大學的研究發現，飲食中攝取過量肉類是許多疾病發生的原因，因此這些學者開始推廣每週一不吃肉的活動，並且長期觀察這樣的做法對健康的影響。至於為什麼是選在每週一呢？不是其他週間日，或是週末呢？因為在文化意義上，週一代表著「一週的起始日」。並且推動該活動的學者們透過數據分析發現，多數人喜歡在週一時啟動新的生活方式例如減肥、戒菸等等，因此，每週一是人們想要改變行動力最強的一天。

除了健康，「週一無肉日」行動還具有環保意義。臺灣在二〇〇九年九月二十一日，九二一大地震十週年的日子，也積極響應「週一無肉日」活動，特別選這一天是提醒民眾，我們若不愛護環境，大自然反撲力量終將回到人類身上。而該活動也指出少吃一百公克的肉，就能減少三點六四公斤的二氧化碳排放量，減碳效果是騎機車一公里的五十倍！因此有超過六個縣市政府及轄內的學校響應蔬食減碳行動，例如：新竹縣市推動中小學營養午餐

慈濟志工以「111 世界蔬醒日」活動，帶入校園，希望能達到環保教育的效果，同時將蔬食觀念帶給年輕人。（攝影／翁全成）

每週一素，嘉義縣週五蔬食日，彰化縣週一無肉日等等，幾乎全臺各縣市中小學或多或少都加入了蔬食環保的行列。

吃素身體好　醫生告訴你

中醫師楊立前，是上海中醫藥大學副教授、廣州素食學校素食健康研究所所長、世界素食聯合會會長、慈濟人醫會醫師、馬六甲慈濟義診中心中醫部召集人。他在一次演講中提到，東方素食文化糅合了道家的清淡養生，儒家的修身養性，佛家的慈悲不殺。而西方國家的素食主義因應動物解放運動而產生，與文化沒有直接關聯，反而更傾向於一種生活方式。楊立前亦提出數據，一個人吃全素一年，可以減排溫室氣體一點五噸；一公頃土地可餵養一位吃牛肉的人或兩位吃羊肉的人，二十二位吃馬鈴薯的人或十九位吃大米的人。

慈濟醫療志業執行長林俊龍醫師，曾是美國洛杉磯北嶺醫學中心院長，也是慈濟在美國義診中心的第一顆種子；他行醫四十多年茹素也四十多年，在美國醫療執業時，他深深體會心臟血管疾病的可怕。臨床經驗中了解治療方式只是治標，無法根本解決問題所在。於是他深入探討預防的方式，發現導致心臟血管疾病的許多危險因子，不僅可以改善，而且效果相當好。得到的結論是要從飲食、運動、戒菸、

三餐均衡攝取六大類食物與份量，（一）全穀雜糧類、（二）蔬菜類、（三）豆魚蛋肉類、（四）乳品類、（五）水果類，以及（六）油脂與堅果種子類。（攝影／江柏緯）

戒酒以及適度的休息著手。

於是他開始在醫學文獻上蒐集資料，發現新鮮的蔬菜水果，尤其是蔬食是最健康的飲食方式，不僅對心臟血管疾病有預防的好處，還意外發現蔬食可以可大幅降低癌症的罹患率。有了這些心得後他開始認真茹素。茹素之後，他自覺生理機能改善不少，不僅腸道暢通、消化良好，精神體力也都比過去進步。

因此，回到臺灣後，他發現病人仍舊有同樣的問題，他覺得有必要把自己多年素食心得與大家分享，陸續著手寫書《科學素食快樂吃》、《素食健康．地球與心靈》，極力推廣素食。

從醫生角度看食物與人體的關聯性，不管是在國外或是臺灣，十大死亡原因中，許多都是與飲食有密切的關係。一九九二年《流行病學Epidemiology》雜誌發表一篇德國的研究報告指出，經過十一年的追蹤研究，排除抽菸、喝酒的影響，已經直接證明了素食本身，可以降低死亡率，一位素食者得心臟病而死的機會，足足比肉食者低了三分之二，因得癌症而死的機會，也降低了二分之一。

低熱量飲食不僅可以降低新陳代謝的速度，還可以減緩氧化的程度，是唯一被證明可以預防衰老的適當方法。蔬食所含的

層層擺鋪，清新艷麗的素食「彩虹沙拉」讓人胃口大開。（攝影／黃淑芬）

熱量較低，且含高量的纖維，對促進胃腸蠕動，減少熱量的吸收幫助很大，且含高量的纖維，再加上富含高量的抗氧化劑，不僅降低慢性病的罹患率，更可以降低身體的氧化過程，是防止衰老、延年益壽的好方法。

多了解蔬食，就可以安心食用，吃出健康。在林俊龍執行長的書中，對素食的六大類養分作了詳細的介紹，植物食品中不但含有極豐富的礦物質，水分含量也極高，多吃水果、蔬菜，水分不虞匱乏。

人體的能量需求至少百分之五十五至百分之六十要從醣類中攝取，蔬食中有極豐富的醣類，一般水果中含有許多果糖、葡萄糖、麥芽糖等等，足以提供人類身體的需求。植物食品中脂肪含量較低，一般都不含飽和脂肪酸，而且完全沒有膽固醇，這對於減緩人體的血管硬化幫助很大。

有人以為素食中的蛋白質不足，事實絕無此事，一大

蔬食也可以吃得健康、自然。（攝影／黃胤進）

臺北市中山大同區慈濟志工響應蔬食抗疫活動，推動茹素齋戒，連續十五天準備蔬食便當，供應臺北市立聯合醫院中興院區，為防疫的第一線的醫護人員加油打氣！志工懷抱著為醫療人員加油的心，小心翼翼地把盛裝好的餐盒放入保麗龍箱內保溫，每個素食便當不僅配色好看，更兼顧營養。（攝影／黃筱哲）

碗豌豆中所含的蛋白質，遠比一塊牛排還多，但卻沒有牛排中那些有害的膽固醇及飽和脂肪。且植物食品含有高量的維生素，尤其是全麥、糙米，維生素B的含量特別高，蔬菜、水果中維生素C、E、K的含量亦很高，所以只要不偏食，素食者絕對不會有維生素不足的現象。

健康生活 無肉也很好

二〇〇三年，SARS造成臺灣社會不安，當時，慈濟證嚴上人開示：「天地萬物是同體，要敬畏天地與懺悔感恩，對微生物乃至天地萬物，都要有謙卑、尊敬的心。如何敬畏、謙卑？以齋戒——茹素、戒殺的行動，來落實尊重生命的理念。」全球慈濟人響應齋戒，藉著不殺生的具體行動，長養慈悲心念，以清淨虔誠的心念，發願祈禱平安度過SARS的考驗。

花蓮慈濟醫院婦產科醫師高聖博，老家在臺南將軍鄉，因為靠海，常吃海鮮也就不足為奇，加上從小他就偏愛炸雞、肉類等食物，吃素，對他而言幾乎是遙不可及的事。他因為環保接觸慈濟，投入志工行列，然而唯獨吃素這一件事，一直做不到。直到二〇〇三年SARS那段期間，為了響應上人的呼籲：「虔誠一念心，全球無災難，齋戒一個月，身心保健康。」於是簽署要吃素一個月。他還記得當時看到有人發願要「生生世世」都吃素，他和太太都直呼：「怎麼可能！」

茹素之後，他親身體驗到原本門診看診到半夜十一點多，總感覺到無比的疲憊，茹素後改善許多。後來，看過一些相關的書籍才知道，素食中的蛋白質分解為胺基酸後，不太需要經過肝臟的轉換及代謝，就能成為身體所需要胺基酸；而且減少腸胃消化吸收所耗損的熱量，自然身體就不容易感到疲憊了。

從一週一素餐，人們意識到必須吃得營養均衡。從因為愛惜自己的身體，推及到愛惜我們的大地之母，蔬食這件事不再只是宗教信仰，而是愛自己與愛地球的實踐。

永續環境與人類的未來

——羅世明

環保議題的起源，可溯及到一九七一年聯合國於「人類環境會議」（United Nations Conference on the Human Environment）中提出的《人類環境宣言》（Declaration of the United Nations Conference on the Human Environment），指出人類有在健康生態環境下生活之權利，環境保護概念正式引起世界各國的重視。同時，「永續發展」概念也於一九八七年由葛羅・哈萊姆・布倫特蘭（Gro Harlem Brundtland）女士任職聯合國環境與發展委員會主席時，發表《我們共同的未來》（Our Common Future）報告，定義「永續發展」的基本概念為：「既能滿足當代人的需要，又不會對後代人滿足他們需要的能力構成危害的發展。」所以永續發展是涵蓋著世代正義的立場上出發的。

全球永續的難題與發展

但面對人類認知不足和各種利益難以取捨的矛盾下，從概念的提出迄今三十多年了，永續發展的腳步仍是困難重重，尤其是在全球已陷入「氣候緊急狀態」（Climate Emergency），距離全球溫度突破攝氏二度可能僅剩十餘年到三十年的情況下，現在談永續，會不會有點緩不濟急？就像在等待急救的病人，還在研究如何長期調養身體？然而，正是因為時間緊迫，更不能放棄任何一點可能的改善，同時需要全人類以共同的認知與行動，將一切可能的行動、資源都整合進來，以共善的大力量，力挽人類的未來。

因此，思考當今氣候緊急狀態、永續發展的問題，不能再局限於環保單一角度來思考，必須與各專業領域合作解決。因此，近年來，全球逐漸將環保納入更大的永續範疇內來思考。

大愛感恩科技研發部陳意容（中）、慈濟志工楊沃福（左）與各國代表交流，介紹慈濟的環保理念。（提供／慈濟基金會）

一九九二年六月，聯合國環境發展委員會（United Nations Conference on Environment Development，簡稱ＵＮＣＥＤ）於巴西里約舉行「地球高峰會」（Earth Summit），會中提出〈二十一世紀議程〉（Agenda 21），作為全球策動永續發展的行動藍圖，並通過〈氣候變化綱要公約〉、〈生物多樣性公約〉、〈里約宣言及森林原則〉等章程。同年十二月，再成立聯合國「永續發展委員會」（United Nations Commission on Sustainable Development, UNCSD），推動各項永續發展工作，包括經濟與社會、環境與資源、政府與民間、公約及組織、資金及技術等五項。

二〇〇〇年九月的千禧年，聯合國集合全球一百多個國家領袖召開高峰會，共同發布「千禧年發展目標」（The Millennium Development Goals，ＭＤＧｓ）。期盼以十五年的時間，落實消滅貧窮飢餓、普及基礎教育、促進兩性平等、降低兒童死亡率、提升產婦保健、對抗病毒、確保環境永續與全球夥伴關係等八項目標。

二〇一五年期限屆滿，世界領袖們再度齊聚聯合國舉行高峰會，檢視千禧年發展計畫成果，在消滅貧窮、降低兒童死亡率等有不錯的進展，但也有一些尚未解決的難題，以及全球新產生的問題，於是在該會議中，以「永續發展目標」

（Sustainable Development Goals，簡稱ＳＤＧｓ）正式接替千禧年發展目標。這份方針提出所有國家都面臨的問題，規畫出消除貧窮、氣候行動、確保永續消費和生產模式等十七項永續發展目標及一百六十九項追蹤指標，兼顧「經濟成長」、「社會進步」與「環境保護」三大面向，成為之後十五年內（二〇三〇年以前），成員國跨國合作的指導原則。

從公害防治到環境管理

至於臺灣從環境保護到永續發展的歷程，臺灣師範大學環境教育研究所葉欣誠教授認為，臺灣環保始源於「公害防治」，與經濟發展產生種種抗爭，接著就開始思考生態保護，關心臺灣山林和土地，約莫在一九八七年環保署成立之後，開始「環境管理」這類比較整合性的思考。葉欣誠教授說，「我們對於環境資源和公害防治這些東西，如何用一個系統觀念把它連起來。我認為這個系統觀的呈現方式叫做『環境管理』，除了管末的處理之外，我們更強調源頭就要管治好，然後同時所有東西一次考慮進去，全部把它串成一個整合系統，然後用一些數學跟經濟的方法來加以管理跟整合。」

從資源回收到垃圾減量，臺灣的「環境管理」展現亮麗成果，從垃圾島的惡名，轉變為全球資源回收率超過五成的模範生。二〇一二年聯合國提出「綠色經濟」概念，也就是如今所謂的「循環經濟」，環境保護不再跟經濟發展處於對立面，而是和諧共生。葉欣誠教授說，「現在全世界推永續發展和環境保護這件事情，越來越用整合觀點跟人性觀點來看待。人性觀點就是說，人還是需要在成長的環境裡面、足夠的經濟條件下，他才能夠好好地保護環境。所以現在希望用『包容』這個概念去串連大家對於環境社會跟經濟的整體思維，然後強調每個人都不一樣，眾生都不同，所以要尊重每一個人，強調多樣性。」

這樣的背景之下，聯合國推出SDGs的十七個目標，以及附帶的一百六十九個指標，葉欣誠教授認為，整個概念就是多樣化，多樣化代表彼此尊重，所以下一個概念就是「包容」，整個就是人類社會生活的各領域，從過去的「隔離」狀態，到現在的「整合」、「包容」的不同概念。

有別於過去環保常常與經濟發展、處於對立抗爭的兩端。隨著資源回收、循環經濟的出現，環保人士也發覺到，現代社會的發展，大部份人的生活，不可能回復到極端的簡約主義狀態，反而以利潤作為驅動資源循環再利用的動力，可能達到很好的永續發展效果。

然而要運用循環經濟來改善環保問題，需要借助企業經營的力量，想出「有利可圖」的永續經營商業模式，也需要大量的金融投資、創新技術的研發、綠色產品的行銷及宣傳、教育觀念的改變等等；於是，企業家、金融家、科學家、媒體人、教育家，甚至宗教家統統都進來了，大家合作貢獻各自的專長，提供資源，為人類的永續發展，盡一份心力。特別是許多環保問題，很難僅從環保的方向來解決，特別是涉及全球貧富不均、環境破壞問題，飢荒不先解決，貧苦的民眾哪有餘力來關心環境破壞的問題。

因此談到永續發展階段，就是整個「環境管理」開始用永續發展的思維，規畫全方位的管理，將經濟發展、社會正義，還有環境品質三件事情一起思考進去才會有效。

澳洲記者手拿環保毛毯，很認同「111 世界蔬醒日」活動，願意在她的社群媒體上傳播訊息。
（攝影／慈濟基金會）

葉欣誠教授認為，臺灣對於永續這件事情的論述，已經慢慢變得越來越清楚，也逐漸了解各項目之間互有關連，就如「『氣候行動』，必須要跟每一個項目相連，消除貧窮、消除饑荒、到衛生、教育等，其實都有相關，雖然相關的程度不太一樣，可是這些東西都是需要考慮清楚的，處理氣候變遷問題，要用更大的高度跟尺度來看待它，因為它會改變所有的一切，所以不要自我設限，把氣候變遷教育只當成環境教育來看；如果回應到真實世界的運作，把氣候變遷教育當成是永續發展的教育來看，策略與解方會更務實。」

慈濟志工溫淑珍（左二）介紹踩腳踏車發電，一度電要花二十四小時的努力，陳文彥小朋友（左一）實際利用節能腳踏車的使用，了解資源得來不易，要節約用電。（攝影／林美蓉）

回歸心靈的永續教育

靜思精舍出家眾長年以農禪修行，「與大地共生息」的生活方式，事實上就是永續發展的生活理念。而且自從證嚴上人一九九〇年呼籲慈濟志工「用鼓掌的雙手做環保」開始，慈濟志工即配合政府「環境管理」政策，開始實際投入資源回收環保行動，並以環保宣導，倡議「清淨在源頭」理念，推動垃圾減量；二〇〇三年創設慈濟人道援助會，致力於救災及環保的「慈悲科技」產品研發；二〇〇八年大愛感恩科技成立，以社會企業的典範，帶動循環經濟的發展及心靈環保的推動。

數十年來，慈濟的環保行動，積極與臺灣及國際的發展接軌，除了將資源回收的環保行動推廣到全世界之外，慈濟也從臺灣走入聯合國，將慈善與環保的理念在聯合國相關的會議中與國際重要人士分享。二〇〇五年聯合國在美國舊金山舉辦的「世界環保日」大會上，慈濟美國總會受邀於開幕典禮中致詞分享環保經驗。二〇一〇年七月十九日，慈濟基金會正式獲得聯合國社會經濟理事會特別諮詢地位，積極投入聯合國婦女署、難民署、兒童基金會、世界青年大會等活動，分享慈善與環保經驗。

慈濟美國總會副執行長曾慈慧，二〇一八年八月代表慈濟前往紐約，參與第六十七屆聯合

風力發電機。（攝影／林櫻琴）

（攝影／林炎煌）

國新聞部／非政府組織會議。大會中，慈濟受邀舉辦論壇，曾慈慧發表「與地球共生息」（Shared Planet, Shared Responsibility）講題，呼籲非政府組織等公民團體，需正視氣候變遷所產生的問題，而要減緩氣候變遷所帶來的災害，須「清淨在源頭」，從減少物質欲望、淨化人心的改變做起。

隔年三月聯合國環境大會期間，慈濟舉辦「資源變黃金」研討會，現場展示回收塑膠廢棄物製成的帽子、太陽眼鏡、衣服、甚至是建材，與會的美國佛教和平團體（Buddist Peace Fellowship）代表表示，在聯合國環境大會中，有許多計畫都只強調經濟利益，「但慈濟讓我們聽到的是，做環保背後的動力是愛和慈悲。」

志工吳秀瑩（右一）說明如何將寶特瓶瓶片經過高溫機器出來，經冷卻水而成酯條，再切成酯粒，放入第二臺高溫機器抽紗，織成紡織品的過程。（攝影／黃曾幼馨）

為推廣蔬食，志工準備素食餐點，讓各國人士享用。（攝影／林晉成）

紐約慈濟大愛人文中心與世界宗教議會舉辦宗教祈福早餐會，邀請二〇一九年聯合國世界宗教互動和諧週的各宗教與會代表，一起慶祝充滿慈濟人文的農曆新年。（攝影／周素滿）

除了慈善和資源回收、節能減碳之外，素食環保也是慈濟在聯合國週邊會議上宣導的重點之一。大林慈濟醫院副院長林名男醫師，曾多次代表慈濟參與聯合國氣候變遷會議；在二〇一五年法國巴黎舉行的第二十一屆「聯合國環境氣候變遷會議」（COP21），的一場會議中，將「素食」與「氣候變遷」之間的關係發表很詳盡的報告，結論是：「我們的飲食、生活習慣，對氣候影響非常大，要改變世界，就得從改變飲食做起！」

相關文獻研究顯示，生產一公斤牛肉等肉類所產生的溫室氣體，是生產一公斤花椰菜等蔬果類的二、三十倍以上，生產過程消耗大量水、農藥、肥料、能源等，因此素食可以減緩溫室氣體的大量增長。

林名男副院長並提及，近三、四十年來國際間出現多次傳染病，像是伊波拉、愛滋、H5N1禽流感、SARS、H1N

慈濟基金會與四位國際代表針對減碳對抗災難問題進行一場演講，志工曾慈慧（左二）、彭啟明（左三）分享。（提供／黃恩婷）

１豬流感、ＭＥＲＳ，以及全球大流行的新型冠狀病毒疾病，許多都來自跨物種間傳染，素食可以減少大量牲畜的畜養，減少病毒傳播的機會。此外有些熱帶傳染病也因為氣候變遷、氣溫升高而大幅擴散，例如登革熱、茲卡病毒、屈公病、瘧疾等，素食對於降低溫室氣體、減緩地球升溫，避免熱帶傳染病往溫帶擴散亦有助益。

德國慈濟志工林美鳳是從ＣＯＰ２１開始參與，令她印象深刻的是，當時的氣氛很振奮人心，有史以來最多締約國願意共同正視全球暖化對人類的威脅，一起簽署巴黎氣候協定，希望將全球溫度在世紀末之前，控制在小於二度，並致力於限制在一點五度以內。

然而，好景不常，之後幾年因為各國經濟利益難以割捨等問題，狀況變得複雜，巴黎協定難以落實，在接下來每年舉辦的COP會議中，讓她感受到要避免全球暖化帶來的災難，需要全世界各個國家、城市、企業、組織，甚至是個人的共識和參與才能順利解決。這也就是證嚴上人所提出的，需要全人類「共知、共識、共行」。

永續是共同承擔的責任

二〇一九年，慈濟基金會獲得聯合國環境署（UNEP）肯定，取得非政府組織觀察員身分，可提出書面建言或發表相關計畫。同年，慈濟基金會三位年輕同仁蔡昇倫、陳祖淞、黃恩婷代表慈濟以觀察員身分出席在西班牙馬德里舉行的COP25會議，他們以自身的環保實踐經驗分享給與會來賓。

蔡昇倫提及慈濟志工以回收紙便當盒或紙杯，重新消毒打漿，再製成衛生紙；紙杯上面的一層塑膠薄膜，製成福慧連鎖磚。這項環保「慈悲科技」的發明產生極大的效益，例如花蓮慈濟醫院三樓安寧病房外的空中花園，使用的三千三百〇一個福慧連鎖磚，來自一百一十五萬五千個紙容器廢棄物，減少五點二噸塑膠廢棄物焚燒，十一點七公噸碳排放，他說：「如果更多人運用這個想法，地球會減少更多的碳排量。」

陳祖淞則分享慈濟從二〇〇三年製造出第一條回收寶特瓶製成的環保毛毯，到二〇一八年已送出超過一〇八萬條環保毛毯，援助四十一個國家的貧苦民眾。

黃恩婷這一趟則隨身帶著一支慈濟環保

志工利用三隻寶特瓶製成的大筆，可以寫字也能發光。這支大筆跟著黃恩婷從臺灣一路抵達會議現場，沿途只要有人好奇，黃恩婷就藉機跟對方宣導環保理念，曾經有海關人員一度以為這是違禁品，黃恩婷解釋：「這是參加聯合國環境氣候變遷會議宣導環保理念的工具。」海關人員聽了很震撼，原來寶特瓶回收也可以做成筆，黃恩婷再告訴他：「我的衣服和鞋子也是回收寶特瓶做的！」趁機宣傳資源回收的理念。

對於慈濟推廣個人力行環保實踐的做法，葉欣誠教授認為這種集體心智的力量很重要，「每個人做好自己該做的事，最後就會變集體的力量，因為我們現在談的環境友善、行為改變這些事情，你在學理上必須要成為集體行為改變，效應才會出來，那些集體行為改變，是以每個人的個人行為改變為基礎，雖然他沒有非常直接的關聯，但是呢，每個人還是要做好自己的事情！每個人都自我放棄的話，集體就一起放棄了！」

葉欣誠教授認為，宗教界的倡議也有非常重要的意義。天主教教宗方濟各於二〇一五年六月發表以生態環保為主旨的通諭，九月在聯合國大會上發表演講，聚焦於改善貧窮、對抗全球氣候變遷及終結難民危機等議題，隨後，全球領袖在接下來三天會議中通過十七項ＳＤＧｓ永續發展目標。

慈濟基金會也與信仰組織間合作，為全球環境保護盡一份心力。二〇一九年九月二十一日，聯合國信仰組織評議會（United Nations Faith Advisory Council）在美國紐約正式成立，其中慈濟基金會因不分國家、宗教的人道救援行動，以及與其他宗教團體合作進行的慈善關懷深獲肯定，而成為十七位聯合國信仰組織的代表。能成為聯合國信仰組織代表必須是聯合國經濟和社會理事會（ECOSOC）成員，並且持續積極參與包含促進和平與安全、關注氣候變化等多項標準，由一個聯合國機構提名並獲得十七個聯合國附屬機構的投票和批准。

全球暖化涉及範圍極其深刻和廣泛，需要所有人類共同來面對，而且我們的時間不多了，正如證嚴上人所說，目前僅有共知、共識，但缺乏共行，亟需人人共同承擔，從自己做起，力行環保，才能善念共振，消弭災難於無形。

中和環保團隊呈現「環保智慧大筆」，吸引眾人的目光，這支筆在二〇一九年聯合國第二十五屆氣候變化會上變成推動環保的工具，也成為志工們推廣環保的好幫手。（攝影／柏傳琦）

我是環保熱青年

——邱千蕙、羅世明

晨霧中的都市大樓。（攝影／周幸弘）

公益環保在臺灣年輕人身上，展現的往往不是高談闊論，而是一種「自我和解」的過程。許多人逃離城市，投向鄉野，他們要用自己的方式，很誠懇地去親身感受所在的環境、土地、人物和心情，打破上一代給予的說法和模式，找到自我的答案，最終以發自內在的熱情去推動。

環保，是一個普世的議題，也存在著世代間的對話，老、中、青三代，所經歷的世界不同，也導致觀點、角度和面對的態度有所相異，需要相互理解和尊重，只要目標一致，都能為環保的推動，付出最大的心力。

環保　世代間的差異

對於老一輩，這是過去他們一路追求經濟發展，解決貧困問題所衍生出來的衝突，但人要先吃得飽、活得下去，才有能力談未來，不得不先犧牲環境，創造出臺灣的經濟奇蹟，為下一代鋪展康莊大道。因此，臺灣經濟發展的初期，環境抗爭的衝突不斷；後來，雖然社會富裕了，但臺灣的經濟仍要追求持續的成長，創造更好的國際競爭力，於是環境持續被犧牲。

到了二戰後嬰兒潮這一批中生代，幾乎出生下來，一輩子就在承平的世界中成長，甚少經歷過真正的貧窮，更不用說上一代面臨過的戰亂和空襲，都只是存在於想像中的世界。而且在平等教育下，加上社會福利制度的漸趨完備，也讓他們不必然需要為貧窮、生存付出全部心力，這是中生代的幸福；但這物質欲望被滿足的世界，也讓他們對生活品質的要求，開始轉向，漸漸發現經濟發展不是萬能，生活中還有許多金錢也買不到的東西。

例如已經逐漸崩壞的環境，全球暖化和氣候緊急狀態的嚴重性，已經超越了經濟發展的迫切性，錢賺飽了，家園卻毀了，人類何以維生？人類發展必須尋求對環境的和解與善待。這群中生代的菁英，正是目前社會的中堅，掌握實際運作的資源和組織，他們必須從確實可行的方案中，找到解決問題的方法，於是發展循環經濟、綠色企業，融合經濟可持續發展與環境保護，為人類永續找到未來的方向，

現在的新生代，或許可以用網路的世代做為區別，特別是所謂的「八年級生」（民國八十年後出生）、「九年級生」（民國九十年後出生），他們生長的時代，社會制度完備，各行各業都發展精細，模式化、規格化，甚至連知識、教育、學習、成長，上一代都安排好了各種模式供其選擇，人生的未來似乎只剩下A、B、C等各種模組選項，自己所需做的就是不斷地裝上一切需要的裝備和知識，而且越快、越完備，就越能搶得先機，成為人生勝利組。

然而，這一切前輩犧牲奉獻，為他們

提供的「最好生活」，卻不一定能為他們所接受，因為這也可能是他們生命成長機會的「被相對剝奪」；上一代積極研究發展，讓這個世界不論是經濟、教育、企業、學術等等各行各業、各種生活面向，都已發展出鉅細靡遺的模組化，並且掌控了組織、資源的霸權和發言權，讓新生代在舊有的體制中，感受不到自我發展的空間，社會化的過程又只是一連串，一而再、再而三勉強自己、訓練自己、麻痺自己，套入一個又一個的模組化要求中。

甚至生活裡，區區微薄的薪水，如何跟進無限上漲的房價？得以在有生之年，如父母輩般以一生的積蓄買一棟屬於自己的房子，擁有一個安定的家？或是如何在現代洪水猛獸般的金錢遊戲中、大錢滾巨款的瘋狂世界裡，撈得屬於自己的那一小瓢收益，安定過好日子？拒絕加入這套模組化世界的結果，或許反而讓自己被冠上一個「啃老族」、「媽寶」、「小確幸」的稱號。

公益發聲　青年找到舞臺

在大愛電視臺，長年參與製作《熱青年》節目的編導潘信安，對這現象有深刻的觀察。他是八年級生，因為節目接觸到許多與他年紀相仿的年輕人，他觀察到幾個原因讓這一輩的年輕人們會選擇投身公益或環保。

慈濟大專青年們齊聚環保站進行資源回收分類。（攝影／顏福江）

首先是，求學期間，政府和民間提供大量公益服務的機會，讓他們開始接觸社區服務或是非營利組織，這些寶貴的志工經驗，有助於成為他們的興趣甚至未來的就業、創業方向；但更重要的是，社會公益的付出，啟發了他們對社會上公平正義追求的熱情。

一般認為做公益通常是有錢或有閒的人才能做的事，似乎很難與正值打拚事業的青年連結在一起，是什麼讓這群熱青年這麼熱衷於公益？潘信安說：「我們這一群人覺得，追求社會公義這件事給我們很大的成就感。」潘信安提到，能夠這樣任性地追求夢想與這世代的成長背景有關，「我們對生存沒有這麼大的焦慮。對於父母一天打三份工養家，這些是我們沒經歷過的。某種程度上，是上一輩撐起了社會安全網，讓我們這一代可以活得這麼好，自然地往自我實現走去。所以我們是比較幸運的一代。」

加上網路社群的快速發展，也讓這一輩的熱青年們發現，找夥伴與做公益這件事並沒有這麼困難。過去跟別人募款可能需要登記公益勸募字號、成立組織，困難重重；但現在有許多線上募資平臺，只要在網路上登高一呼，訴說自己的理念提出計畫，就有一群認同你的人願意贊助，而贊助人更可以監督計畫發起人，比起許多非營利組織，資訊更為公開透明。網路平臺和募資工具讓年輕世代找到一個證明自我存在的出口和發聲的舞臺，重新取回人生的主導權。

二〇一五年中區元宵節燈會，慈濟志工與來自二十二所大專院校的慈濟大專青年沿途宣導「垃圾不落地，資源要回收」，同時示範正確資源回收分類方法。（攝影／王伯嘉）

青年在社群媒體上積極發聲，帶動社

會議題的風向，讓一些過去非主流的事情逐漸走向主流，例如青農返鄉；潘信安強調，青農返鄉一定要從賴青松談起，賴青松引進日本「穀東俱樂部」模式，在插秧前就先找一群朋友預付認穀，共同承擔天災風險，同時公開種植紀錄，以不用化肥、農藥的自然農耕方法，收穫多少，全部由「穀東」（股東）共同承擔。他用這套模式帶起青農返鄉的風潮。潘信安說：「以宜蘭深溝村來講，九十位農夫其中有八十位是青年返鄉，所以這件事成了主流。現在，我們談青農返鄉、地方創生、志工旅行等，都是來自於有一群人用行動，證明公益不是只有廟宇可以做的事，不是ＮＧＯ才能做的事。」

慈濟大學人文處舉辦「我願蔬食為災疫祈福」活動，與花蓮二十家蔬食店合作，推出三十元《蔬食 go easy 祝福券》，鼓勵外食的慈濟志業體師生和同仁贊助、認領。（提供／慈濟大學人文處）

全球第一個慈濟人文青年中心於新加坡開幕了，邀請專業合作夥伴進駐，共同打造一站式青年公益平臺，並透過工作坊、瑜伽、創客教育等接引年輕人，從中培養正向價值觀。（攝影／林晉成）

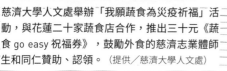

非不能做　我要知道為什麼

不過，八年級跟九年級的這群年輕人，活在一套套幫他們安排好的成長框架裡，面臨嚴重的「被剝奪體驗」處境，導致十分抗拒將各種模式套用他們的身上，要求他們一味遵從。對於社會上認為他們是草莓族或是抗壓性低，只追求小確幸的標籤，潘信安也提出不同的觀察，「我們確實沒有以前生存的苦，但是抗壓性這件事要從另外一個角度談，很多時候上一輩站在『我告訴你什麼，你就必須做』，但我們更在意的事情是『你要讓我知道為什麼要這樣做』並且給我機會與空間去達成，而不是要求做法也要一樣。」

至於工作的意義，潘信安也有屬於他們這輩人的價值：「我們注重自我的發展，因此工作永遠不是為了解決你（公司）的問題而存在，而是我的工作有什麼自我發展的價值。」換個角度談抗壓性這件事，潘信安替這個世代發聲：「我們不會蹲不住，有能力的人一樣可以蹲住。但我必須知道我為什麼而蹲，而不是你跟我說蹲蹲看，那真的沒什麼意義。」

新世代更重視自己親身經歷，以及真誠體驗後所找到的答案。因此，公益、環保在臺灣年輕人身上，展現的往往不是高談闊論，而是一種「自我和解」的過程。許多人抗拒大公司、大組織；希望逃離城市，投向鄉野，以及大自然的懷抱；他們要用自己的方式重新感受自己所在的環境、土地、人物和情感，打破上一代給予的一切模式和說法；很務實、很誠懇地去接觸、投入，用心靈去感知體悟，最後以發自內在的熱情去推動。

因此，有別於往昔對於做公益，常常會談到社會貢獻或社會責任，但對於這群熱青年們來說，這件事並不需要這麼龐大的理由，而是回歸到「自我和解」的本質，從體驗中了解什麼是「對」的事情，重新修復自我與外在的關係，找到和諧的相處之道。

例如，潘信安採訪過，清理海洋廢棄物的「湛」團隊成員陳思穎，她自己常說，其實很多時候她不是要為社會做什麼，她

熱血青年不分國別，圖為印尼慈濟大專青年前往海邊進行淨灘活動。
（提供／印尼慈濟錫江聯絡處）

淨灘活動中，不分年齡共同努力為環境一分力量。（攝影／施呈旺）

只是有一個自己想做，覺得相信的事情想要完成。她在上環境工程的時候問老師說：「為什麼，你們永遠知道海洋多髒，但是就沒有辦法解決？」老師說：「環境工程做的就是分析，剩下的只能靠其他人來完成。」所以陳思穎覺得能不能用自己的行動去完成它，於是想打造一臺清理海洋垃圾的「湛鬥機」，希望讓海水回到原本湛藍的顏色。由這樣一個簡單的初衷開始，她結合專長，也學習跟社區連結、向政府單位對話，讓一個簡單的初衷成為可能的行動。

又如另一位原本是攝影師的唐唐（唐采伶），喜歡拍攝美麗的東西，但常去海洋拍攝回來，就發現一堆的海洋垃圾，讓她十分難過。因為非常喜歡澎湖，於是她就放棄原本的工作，搬到澎湖定居，並且成立了「海漂實驗室」，將各種海洋廢棄物製成藝術創作。她認為，這麼悲傷的事情，為什麼不能藉由創作，把它變成一個美麗的議題？讓大家藉由美麗的方式認識它！

從修復自己　連結到全世界

對這群熱青年來說，做公益、環保不需要什麼太大的理由，也不需要向公部門大聲疾呼，他們用自己的創意與專長，去做一件自己覺得舒服的事情，甚至與他人無關。潘信安用「自私」兩個字下了註解，「我為什麼用自私這個字眼，是因為我覺得這真的跟慈濟的師姑、師伯無所求的付出不太一樣，而是做這件事能夠讓我完成自我實現，當這個自私是具有同理的自私，感受到別人也會因此有這樣感受的時候，這就是為善了，然後也沒那麼自私了，他就是一種共好的概念。」

潘信安提起自己印象深刻的一個拍攝個案，他到了中國大陸的青康藏高原一個月，拍攝一群三十幾歲的男性，他們在當地募款買鐵桶擺在他們放牧的地方清理垃圾。當信安問他們為什麼這樣做時，對方回答：「我有很多朋友去北京、蘇州然後傳照片給我，可是我覺得我的草原最美，但是它現在變髒了，我想讓它變乾淨。」

這樣直白的答案給了潘信安一擊：「這樣淺白的話，驚訝到我，我才覺得自己以前想的那些東西太多餘了。」

潘信安思索著，這些投入環保、公益的年輕人在告訴他一件事，「如果你愛這塊土地，你就會希望對她做出好的影響或好的改變。也就是當你，只要熱愛哪一個環境，你真的潛過水、喜歡海洋，你真的會……我看過很多，我知道他一點都不在意環境議題的人，但只是因為喜歡潛水，所以你之後發現他連塗防曬油會汙染海洋，連什麼都非常在意，比一般人都還在意。」

不分地域，越來越多年輕人投入環保領域，甚至為此創業投入最青春寶貴的能量，展現青年環保的特質，他們很誠實地面對自己，無法無視已經看到的問題，而且他們對於土地的連結有渴望，熱愛自己成長的環境，因此願意帶著一股傻勁，投入環保公益，發光發熱。

二〇二〇年元旦，由慈濟人文志業中心、城市科技大學與文化大學慈青一同舉辦美麗海岸淨灘活動，大家在淡水沙崙海灘，迎接曙光，並用行動守護地球，淨化美麗海岸。
（攝影／魏國林）

Fun大視野　想向未來

——邱千蕙

二〇一六年慈濟基金會成立五十年，但在新世代的變化下，青年的投入似乎有下降的趨勢，為讓更多年輕人重新認識慈濟，慈濟基金會董事同時也是臺大社工系教授馮燕提出「慈善創心計畫」，希望透過計畫搭起慈濟與年輕人的橋樑，建立慈濟與青年溝通管道，分享慈濟既有資源，讓更多年輕力量加入讓世界變得更好的行列。

全國第一屆青年公益實踐活動在新店靜思堂舉行，每一位參賽的團體都卯足了勁表現，期許獲得評審的青睞。（攝影／吳碧華）

因此，從二〇一六年年底慈濟開始推動「Fun大視野 想向未來——青年創新推動計畫」，以「公益孵化」及「永續發展」為核心，其中環保理念即被大量帶入「青年公益實踐計畫」子計畫中。

第一屆「青年公益實踐計畫」，經決選後誕生十組團隊，二〇一八年六月八日在臺北市西門紅樓舉辦發表會，各團隊分享公益計畫議題，希望串聯更多社會資源落實執行，發揮正向影響力。（攝影／顏福江）

八人團隊跨出舒適圈

負責整個計畫的專案負責人，慈濟基金會宗教處文教推展組長曹芹甄，回想計畫從有想法到真正成型，連續辦了三屆，遇到的挑戰非常之大。曹芹甄說：「這是一個好的專案，但因為基金會從未有類似的專案，尤其是青年公益實踐計畫，從名稱到執行方式都不斷調整，計畫書改了又改，同時也向許多先進、長輩們請益，我知道要保有慈濟的價值，但又希望能讓社會大眾感受到我們的改變。」

除了內部溝通需要花時間，僅有八人的專案團隊要如何翻轉社會大眾對慈濟的既有印象，讓年輕世代願意親近，以及提供有志從事公益的年輕人，落實計畫的各種資源，這些都需要團隊親力親為去找資源、人脈。曹芹甄說：「更多時候是團隊自己承接工作，找場地、找講師、修改海報、把訊息寄給所有身邊的親朋好友，會做的事要做，不會做的事就找資源或是自己學，讓每個人、每件事都發揮最高的CP值。」她表示，能夠讓團隊堅持下來的動力還是來自慈濟內部給予的力量，包括馮燕教授，以及慈濟基金會的顏博文執行長等眾多主管親自參與或給予支持，讓團隊不孤單。

曹芹甄感動分享：「以前的我，也是守在自己的舒適圈或是同溫層中，但因為要推動這個計畫，我告訴自己要走出去，而且要堅信我們在做的事，勇敢地跟更多人分享。在與外部互動的過程中，也感受到如果你真心想做一件事時，大家都會願意來幫助。而且大家目標一致，願意學習，對我們來說也是一種自我潛能的開發，最後用行動證實了做慈善的方法也可以很多元。」

最後這項計畫從主視覺設計、文宣風格到活動內容設計等，都有別於慈濟其他活動，也是慈濟首度與外部公司 Impact Hub Taipei 合作，該公司的共同創辦人張士庭就提到，回想起三年多前，慈濟十多位跨處室的主管同仁在會議室內聽取他的簡報，讓他感受到基金會對此計畫的重視。同時也理解這樣一個新興的計畫對於

已年過半百的基金會而言，尚有許多需要溝通的觀念，而與慈濟三年合作下來，感覺彼此之間更像是夥伴關係，並且很認同

「公益市集」讓全臺慈青代表及青年公益代表擺攤，讓同學各自前往互動與交流，了解青年公益及慈青的服務學習等。（攝影／許金福）

慈濟願意投入許多的資源支持年輕人實踐夢想，能夠感受到慈濟真的在挺年輕人做公益。

初期，這項計畫藉由創新思考工具和遊戲體驗，帶領大學生輕鬆探索與認識聯合國永續發展目標，以及慈濟六大友善願景：「友善希望、友善生命、友善社區、友善環境、友善地球、友善國際。」希望藉此引起青年們對永續議題的好奇與重要性。一年多後，專案團隊察覺臺灣不乏熱衷公益的青年朋友，只是在執行面缺乏足夠的專業支持。

因爲看到了青年朋友的需求，慈濟在二〇一七年推出「青年公益實踐計畫」，鼓勵年輕人勇敢提出公益議題改善計畫，每

一屆基金會從報名者中遴選出十組隊伍，除了給予資金協助，並且提供十場以上的培力課程，以及業界人士（業師）的協助，目的在於提升入選團隊的專業技能，以及透過人脈的串連互相學習、請益，加上基金會協助媒體曝光，提升社會團隊能見度和支持度，讓整個計畫從執行到行銷更為成熟。

協助有志青年圓夢

在各項慈濟提供的資源裡，許多入選團隊都選擇了環保相關的題材，並且特別感謝慈濟找來業師的幫助。第二屆入選團隊的「湛」，三個創辦人都從海洋大學畢業，工作也與海洋相關，甚至興趣也是潛水。她們發現過去五十年，大量的塑膠製品讓生活更便利，卻也產生許多海洋垃圾，海水因為垃圾失去原有的「湛藍」色，海龜、

第二屆「Fun 大視野 · 想向未來 — 青年公益實踐計畫」，十二月十五日在臺北華山文創園區舉行成果發表會。慈濟基金會顏博文執行長參觀各團隊的成果發表。（攝影／顏福江）

鯨豚等生物因垃圾而死亡，也破壞了珊瑚礁生態系。在基金會協助下，他們打造一臺智慧型海漂物收集器——「湛鬥機」，只要將機器放置在漁港，就能自動移除港灣中漂浮性垃圾，比人工更有效率，同時團隊也深入社區，推動垃圾分類、環境生態復育等工作。

不僅是非營利的團體，慈濟這項計畫也協助青年創業公司，透過各種資源的挹注，讓有心在公益路上創業的青年們，可以實現做公益又能獲利的雙贏結果。

例如「格外農品」團隊，看到農產品因為外觀不美或供給過剩造成的食物浪費問題，團隊透過收購這些「格外品」進行加工後，讓農產品可以再次進入消費市場。在業師幫助下，不僅實現蓋工廠的計畫，規格甚至還符合國際安全認證，替食品安全做嚴格把關，更讓產品不受市場限制，還能銷售到國際。

另一個團隊是「梨理人」，他們原本是參與水土保持局「青年洄遊」計畫而到農村的大專生，卻意外投入農村環保的改善。他們發現高接梨在水果收成後，廢棄樹枝經常被農民就地焚燒，但廢枝上用來接嫁的電火布、鐵絲等焚燒後造成空氣汙染。於是他們創立了梨理人團隊，不斷與當地農民、衛生所、清潔隊溝通，推動廢棄樹枝集中處理的計畫，希望改變農民就地焚燒的習慣。此外，年輕的團隊也推出文創商品「梨煙筆」，梨煙寓意遠離煙害的意思。這也在慈濟找的業師協助下將概念擴大化，將廢棄果樹木枝做各項科學分析，讓廢棄果樹木成為各種合適的商品，例如：紅酒開瓶器、龍眼刻章等，幫助團隊能有收入做無償的公益行動。

促進青年世代連結

回想計畫從無到獲得極好的迴響，也協助許多青年世代在公益路上越走越穩，計畫不僅成功連結起慈濟與青年世代，推動一、兩年後，影響力逐漸形成，曾經是基金會請求協助的單位，也開始主動找慈濟，討論進一步合作的可能性。曹芹甄說：「許多人因為這個計畫，生平第一次參加慈濟的活動，雖然他們都知道慈濟。甚至有一位朋友突然發現原來慈濟裡面也有年輕人！他一直以為只有像他爸媽的年紀或退休的人才會參與慈濟。還有獲選團隊的負責人提到，自己父母也是慈濟會員，以前不懂為什麼爸媽要把錢捐出去幫助不認識的人，怎麼不給他當零用錢，也不知道慈濟在做什麼，直到加入這個計畫，終於知道慈濟是如何善用每一分捐款。」

正如第二屆團隊業師之一的「臺灣好基金會」執行長李應平女士所認為的，「做公益不會是孤獨的，慈濟基金會是一個非常好的平臺。」以及第一屆入選團隊「幸福食間」的隊長曾佳偉有感而發地說：

發表會現場展示入選團隊的簡介。（攝影／顏福江）

「我相信這個緣分不會結束，我會把善緣持續下去，並向更多的青年分享，傳承公益執行的經驗，讓善的循環一直延續著。」

這也是這項計畫最大的特點，透過經驗的傳承將善行與環保行動不斷放大，未來慈濟也將透過「Fun大同學會」的構想，把過往的團隊跟新加入的團隊都串連起來，彼此交流與分享，激盪出更多火花，讓這股力量持續發光。

我愛醜蔬果

——邱千蕙

農業經濟起家的臺灣，隨著經濟起飛，職業選擇的多元化，看天吃飯收入不穩定等因素，使過去農村面臨人口流失、務農人口老化等問題。近年來，隨著環境議題被重視，與政府鼓勵青年返鄉創業，當年輕眼光看到農村問題時，更能帶著新鮮的點子挺身而出，其中格外農品與梨理人就是其中兩個故事，它們看到了農產品因不漂亮進不了市場，以及處理農業廢棄物產生汙染的問題後，透過循環再利用這個大概念，致力讓來自大自然的都能回歸大自然，往零廢棄、零浪費的目標前進。

格外農品　減少食物浪費

格外農品創辦人游子昂，因為有過開餐廳的經驗，對食物浪費議題深有感觸，他發現蔬果在產地收成之後，平均約有百分之五到十因規格不符、賣相不佳等原因，成為難以進入市場的「格外品」，而未被善加利用。但這些格外品並非瑕疵或不能食用，雖然難以進入市場，卻可以進行加工後再出現在消費者眼中。

鳳梨醜蔬果，其實只是外表不好看而已。（攝影／游子昂）

為什麼會關注食物浪費的議題，游子昂說：「當時國際上許多的媒體、學術單位都在關注食物浪費這個議題，所以我也拜訪了產地、果菜市場，希望可以了解臺灣食物浪費的真實狀況。還記得第一次拜訪西螺果菜市場的時候，那時候已經接近打烊，有個阿姨叫住我們：『少年仔，幫我捧場一下，這一箱算你們五十元就好了，好不好？』我們才看到阿姨背後有一箱一箱的牛番茄，每箱重二十公斤，五十元根本不敷成本。」那一刻，游子昂深深感受到食物浪費的問題必須有人關注，於是就一頭栽進去研究，「格外農品」的概念在心中逐漸成形。

二〇一五年游子昂創立「格外農品」品

牌，目的就是希望可以致力於減少食物浪費。

但回想創業之初，其實是游子昂與夥伴們想在高雄加盟公平貿易咖啡店，他們北上與品牌「生態綠」的兩位創業者聊到格外農品的概念，沒想到聊完之後，生態綠總經理居然說：「你們不要開咖啡店了，把錢全部拿來做格外品！」因此生態綠成了格外農品的第一個網路通路、第一個法人股東與創業導師。

品牌成立之後，游子昂不僅想減少食物浪費，同時也關注到永續環境的議題。因此優先與取得「產銷履歷驗證」的農友合作，採購嚴謹分級制度下的格外品：包含過大過小、賣相不佳或者生產過剩的安全

以格外品做成的產品，也能達到高規格的產業標準。（提供／游子昂）

水果進行再加工。並且與通過ＨＡＣＣＰ（編按：又稱食品安全管控系統或危害分析重要管制點，生產能提供給太空人食用的高規格標準）和ＩＳＯ二二〇〇〇（編按：國際標準組織ＩＳＯ給食品供應鏈業者管理食品安全的系統認證）的食品工廠技術合作，目的在於製作出符合國際食品安全標準的產品。

游子昂團隊也觀察到，透過完善的再運用機制，除了能減少鮮果的浪費，更有機會提高格外品的利用層級，提升格外品食品加工原料的使用率，進而提升農友的收益，創造產地到餐桌的共好新機會。以格外農品生產的果茶醬為例，透過規模化與標準化的方式，以及調整成分的最佳比例，使水果釋放出天然果膠，製作百分之百無添加物的果醬，價格卻只要同質性果醬的八折左右，適合沖泡使用。

但產製過程中他們也遇到不少難題，例如，採購的格外品雖然購入成本較一般品低，但由於外觀和尺寸不一，專業蔬果處理廠無法處理導致處理成本較高。又或是與食品廠洽談合作的過程中，發現有取得國際驗證的工廠對於農產加工品的訂單，因為擔心農產品自產地帶入汙染源，通常較不願意在廠內進行蔬果前處理，因此都希望委託者自行處理原料後再進廠做後端加工。此一現況導致許多產地自行進行前處理時，在未達衛生標準與缺乏標準化管理，病媒與汙染的狀況所在多有。另外，鮮果有處理的急迫性，特別是某些格外品時效更短，因此運輸、包材與碰撞損耗都讓成本增加。

確保食安　自己蓋工廠

為了讓加工流程銜接順暢，並兼顧食安水準，格外農品一直希望能在產地建置加工場地與設備，以便可以即時處理格外品。二〇一七年這個概念與計畫獲得了「第一屆青年公益實踐計畫」的支持，慈濟慈善事業基金會全方位的資源挹注與支持，除了資金、課程、導師輔導之外，以及許多媒體資源的協助曝光。整體系統化的輔導資源讓格外農品快速成長茁壯，當年度營業額即呈現倍數成長。

到了二〇一九年四月格外農品終於了建置自有的前處理場，並在成為「王品餐飲集團」供應商後，在專業食安人員的輔導下提升衛生標準，前端處理在衛生安全的處理場處理之後，後端加工再與通過ISO二二〇〇〇、HACCP驗證之工廠合作生產，達到全製程安全可追溯。

格外農品以惜物善用的理念，讓格外品能再次進到市場，取代進口的食品與原料，同時減少食物浪費與降低食物里程；也以採購格外品來支持友善耕作的農友，讓他們可以無後顧之憂的持續進行友善耕作。二〇一九年旗下產品青皮椪柑果茶醬更獲得英國 Great Taste Awards 一星獎殊

醜蔬果在衛生安全的前端處理場，去皮處理之後，後端加工再與通過 ISO 二二〇〇〇、HACCP 驗證之工廠合作生產，達到全製程安全可追溯要求。（提供／游子昂）

榮，並已接到了外銷通路的訂單，證明了格外農品的品牌理念：「有好內涵，就有好出路！」

梨理人 給農棄物新生命

二〇一五年的徐振捷參加了水保局大專生洄游農村計畫到了臺中后里，那裡的梨子透過接嫁方式，產出的高接梨甜美多汁，但農民在接嫁時多用絕緣膠帶將梨枝纏繞在樹枝上，收成後產生大量廢棄梨枝與其他農業廢棄物。大量的廢棄物大多焚燒處理帶來空氣汙染。

發現這個問題的徐振捷與夥伴們，在二〇一六年底創立了「梨理人農村有限公司」，希望起身行動替農村解決問題。徐振捷表示，一開始他們想得非常簡單，希望從農業廢棄物中創造價值，農民或許就會願意自主分類，改變焚燒廢棄物的行為，所以團隊針對廢棄物中的套袋、枝條、鐵絲等材料進行研究，最後以保留嫁接特色的廢棄梨梗製作成筆，成功打造第一款商品「梨煙筆」，寓意讓農村離開煙害。

廢棄梨梗製作的吊飾。（提供／徐振捷）

但這個過程並不是一帆風順，因為團隊成員一位是國際企業學系，一位是區域與社會發展學系，對於農業、木工等領域非常陌生，花了近兩年的時間才讓系列產品成熟。另一個很大的問題是團隊成員都不是本地人，也沒有務農經驗，所以要推行地方的事務可以說是難上加難，徐振捷說：「我們必須從學生、工作室、公司、執行計畫等不同的身分中找尋適合的角色。」此外是關於理念與現實的落差，因為這將改變的是一個很大的產業與環境議題，甚至在基礎的法規與統計資料中仍有不完整的部分，如何透過不斷與各單位溝通，到足以落實執行，每一件事都不容易。

在獲得慈濟慈善基金會第二屆青年公益實踐計畫的支持後，梨理人團隊開始了：「擴大集中清運的範圍」、「提出適合產業的共享碎枝方案」、「以果樹木資源化將運用範圍擴大到其他果樹木」，以及「持續深化在工藝品、活動端的行銷通路」這四個主軸，其中有擴大或深化原本做的事情，也有全新的規畫。

集中清運計畫的產生是因為高接梨使用絕緣膠帶、包塑鐵絲等素材仍屬多數，難以再利用，而農民在露天不完全燃燒比其他農產業製造更多汙染，且多數高接梨農民對於農棄物於法律規定下能如何處理，普遍沒有習得相關知識。因此梨理人在二

高接梨接嫁後廢棄的枝梗，上面纏繞著膠帶和鐵絲。（提供／徐振捷）

○一八年開始推廣集中清運，目的是希望農民將農棄物統一集中定點清運，實際規畫為在每個產區由村里長協調找到一到三塊暫時集中地，並透過清潔隊在採收季期間（高接梨為端午節前後到八月中）定點清運，達到「不燃燒不棄置」的合法處理。團隊在與區公所、清潔隊、村里長不斷溝通下，成功將觀念擴散在后里、石岡及東勢三個區域，以后里仁里社區為例，目前已經減少至少七十二公噸，改善了百分之八十的燃燒狀況。

廢樹枝也有利用價值

共享碎枝方案，則是因為高接梨每年約有二次修枝期，會產生許多直條狀徒長枝，農民多會堆砌在園，或是害怕病蟲害或是空間小等不及自然腐化便會用火焚燒。但枝條成分單純，若是剛剪下時的嫩枝利於破碎處理，且木碎片在再生用途十分廣泛，但碎枝機無法四季運用所以個別農戶購入機器並不划算，為此梨理人提出試驗構想，由他們租賃碎枝機提供農友試用，藉此找出適合坡地梨園使用的碎枝機，並且搭配後端再生的技術使農民願意付費。破碎後的細枝變成木屑，可用於覆蓋園地防止雜草叢生，或是混生廚餘製成簡單的堆肥。這樣的立意都在於減少廢棄物的產生，讓從大自然產出的最終也能回歸自然，達到環境永續的目標。

團隊到果園中蒐集剪枝。（提供／徐振捷）

果樹木資源化則是梨理人團隊的新概念，由於農民大多數的廢果樹枝仍以焚燒處理居多，主要原因是人力不足以及害怕任由樹枝腐壞可能有傳染病，於是梨理人團隊朝著讓廢棄枝材再利用的目標前進，希望廢棄枝能夠再運用後所帶來的商業價值，能驅使農民願意花錢或是增聘人力處理廢棄枝。

徐振捷表示：「二〇一九年除了原先在后里仁里社區的高接梨合作外，再從鄰近找了外埔的樹生酒莊合作葡萄木疏伐的運用，與中寮永福社區合作龍眼木修枝的運用，並調查了東勢咖啡、桃木等不同的果樹產業，最後成功在計畫期間內研發出三款新的產品，預計每年可以多處理一噸的木資材。」

目前該項計畫已有一些亮點，例如：葡萄木做成的紅酒開瓶器、或是將木油紋理多，氣味濃厚的木材粉碎後製成香。團隊確切的目標就是目前研究的果樹產業，都能找到一個如同梨煙筆之於高接梨的代表性產品。計畫若能達成，不僅能支持青創公司永續生存，同時又能實質對農村的環境、生態產生正面的影響，達到雙贏。

未來還希望做些什麼？徐振捷表示：「中長期而言我們仍希望可以進行產業全處理的研究，所以每年皆會從公司營運及相關計畫中撥出資源進行如『源頭減量』、『大量再生』的研究推廣。例如二〇一八年我們有嘗試將高接梨修枝製作成生物炭，也實際購置簡易設備及聘請老師來帶農民操作，二〇一九年也有拜訪高接梨套袋生產最大宗的壯家果企業進行紙袋回收利用的詢問。」

在臺灣，期盼有更多像梨理人、格物農品這樣的青創企業，他們看到臺灣農村長久以來的問題後進而行動，他們或許不是農業專家，但只要不變初衷的發願，往前走也必能找到願意協助的力量，一起讓臺灣農村變得更好。

水果套袋也是農業廢棄物的大宗。（提供／徐振捷）

拯救海洋
為湛而戰

——邱千蕙

陳思穎，一個來自臺東的孩子卻對海洋有著一份特殊的情感。她說：「小時候爸媽會帶我們去海邊踏浪，玩水，撿貝殼，所以大海對我來說就是家人聚在一起的記憶。高中時，念書很苦悶，就會和同學翹課去看海，海的遼闊撫慰了焦慮的心，也串起了跟朋友共同的回憶，是大海把朋友聚在一起。」

後來她選擇了海洋大學海洋環境工程，也結交了志同道合的朋友——陳亮吟、曾鈺婷，三人不僅都是海大的同學，畢業後工作也跟海洋緊密相關，甚至平時愛好也是潛水。三人都熱愛海洋，卻發現小時候湛藍乾淨的海洋逐漸變了樣。

陳思穎說：「在背上氧氣瓶跳下海潛水的那一刻，看海洋的視角變了。以前，總是從陸上望著海，那次，從海中環顧四周，抬頭望向陸地，應該是要澄澈的海水，卻布滿了破碎的塑膠，水底出現了玻璃瓶、鐵鋁罐及塑膠袋，珊瑚礁上纏繞著魚網跟魚鉤！」這一幕震撼了這個熱愛海洋的女孩。

團隊以自我摸索的方式，設計出第一臺「湛鬥機」。（提供／陳思穎）

打造「湛鬥機」找回海的湛藍

海洋環境遭到破壞已經是全球性的問題，每年大約有一百隻海龜死於海洋垃圾、珊瑚生態遭到破壞，人類製造海洋垃圾經過食物鏈也將無法分解的垃圾毒素吃進肚子裡。許多人意識到問題，開始做淨灘活動，但是在海裡看到的「漂浮性」垃圾，則無法被海浪推到沙灘上。發現問題的她們心想，「既然我們研究的是海洋科學，與其坐在辦公室，不如起身來為大海做一點事情吧。」

於是三人組成一個名為「湛」的團隊，團隊名稱寓意：找回大海原本該有的湛藍色。

從二〇一七年開始，團隊實地走訪漁村與村民聊天，同時也參加跟海洋保育有關的討論，發現全臺灣大約有二百多個漁港，但許多漁港都缺乏足夠的人力清垃圾，讓她們更肯定團隊存在的必要，陳思穎心想，「既然沒有人手清理海洋垃圾，不如我們做一臺機器，讓機器來清吧。」故事就這樣開始了，她們將計畫取名：為湛而戰，而機器就取名為「湛鬥機」。

有了想法之後卻發現過程異常辛苦，團隊三人不是機械專業背景，一開始只能自己摸索，當時全臺灣根本沒有人製作這類機器，團隊參考很多國內外文獻，自行摸索，也因此申請了發明專利。

二〇一七年團隊獲得了一筆公益資金，終於在二〇一八年讓湛鬥機有了雛形，在跟潛水教練在東北角借了一塊廢棄的九孔池進行測試，光是在這個場域測試，湛鬥機就已經改版了六次之多。但團隊始終沒有放棄，或許是有心想做一件事，全宇宙都會合力來幫你！二〇一九年陳思穎在花

二代「湛鬥機」。（提供／陳思穎）

蓮教書的高中同學，把慈濟基金會的青年公益實踐計畫告訴了她，她心想，剛好經費用光了，就去申請看看吧！沒想到真的甄選上了，有了充裕的經費，團隊決定放手一博，將機器從廢棄九孔池拉到漁港做實際的測試，等於練兵多日終於能上戰場了！

漁民從旁觀到加入

湛鬥機當初設定有兩個目標，第一個是垃圾移除效率，第二個是機器在實際環境的操作成果。陳思穎說：「為達成目標我們申請了海洋保育署的『海漂物收集器應用於漁港成效分析』案，這讓我們能合法申請到漁港的使用權。」但為什麼會選八斗子漁港？是因為夥伴曾鈺婷在海洋大學擔任研究助理，離八斗子漁港很近，如果機器發生什麼事故，她去現場排除會比其他在臺北工作的夥伴反應更敏捷。

成功申請到了八斗子漁港做為實驗場

三代「湛鬥機」下水工作的情形。（提供／陳思穎）

基隆八斗子漁港水面飄浮的垃圾及第一代「湛門機」（右下綠色機）運作的情形。
（提供／陳思穎）

所，卻發現許多更讓人頭痛的問題。首先是漁港汙染嚴重，讓團隊在港邊工作變得很辛苦，空氣中瀰漫著柴油味，水面上有時浮著一層厚厚的重油，或是血水、動物屍體甚至是排泄物，這些都必須克服之外，原本以為對環境有益的計畫，理應受到當地居民支持才對，但過程中卻也遇到一些人為因素的挫折。陳思穎說：「圍觀的漁民有時候讓我們的壓力也很大，有些人三不五時就把垃圾往海裡丟，幫我們做業績，也會對我們問東問西，叫我們去找政府，或笑說撿不完啦！不要撿了！有時候半夜去到港邊搶救機器遇到移工圍繞，其實也是會怕怕的。」

然而堅持在漁港待久了，關於「人」的

第一代「湛鬥機」在港邊起落作業情形。（提供／陳思穎）

問題逐漸不是問題，反而給了團隊很多溫暖，一些漁民真誠對待她們，像是大目船長跟小噗船長，最後都變成她們在當地工作最大的支柱，陪著她們完成一次又一次的實驗，幫忙造小船，請她們吃東西，也會勸導認識的移工不要亂丟垃圾。這讓陳思穎體會到，「一開始對於移工的恐懼及壞印象，其實都是因為不理解所產生的隔閡，其實移工跟我們沒有不一樣，熱心助人，見義勇為還是有的。」

克服心理壓力與人為因素後，湛鬥機雖然已經改良六版了，還是遇到原本沒想到的問題，首先是漁港裡的垃圾太多樣化了，例如魚線、玻璃瓶、保特瓶是最多的，垃圾尺寸差異很大對機器是考驗，此外還有各種天氣、海浪、潮汐變化都是考驗，一剛開始要讓湛鬥機好好地坐穩在水面上都很困難，往往一個船浪就讓機器失去平衡；或是垃圾進來的角度不對，輸送帶就被卡死；甚至最糟的狀況就是整艘漁船撞進來，然後機器整臺變形。

移除五百多公斤垃圾

然而，正因為常常面臨各種狀況考驗，讓團隊的默契變得更好，維護流程變得更加順暢，團隊成員間一個眼神、一個動作，不用言語，都知道下一步在哪裡，要如何找到最佳的應變方式。現在團隊成員的心理素質非常的強大，甚至會「期待」每一個失敗，一起找出失敗的原因，再一起把困境解決。

由於團隊中的每一個人白天都有正職工作，通常只能在凌晨、晚上或假日去看機器，垃圾撈上來之後，還必須做成效統計與垃圾分類，而當初在設計湛鬥機時，團隊就有考量到讓機器與手機做連動，因此人可以不用一直在現場盯機器。

加上湛鬥機連結雲端系統，可以透過中央氣象局的 open data 抓取潮汐資料，來判斷自動開關機時間，也可以在垃圾收集籃滿時，自動停止運作。而湛鬥機是否在運作，也能透過手機看到；甚至透過手機就能當湛鬥機的開關。

結果在八斗子漁港的一年計畫中，湛

第二代「湛鬥機」運卸作業情形。
（提供／陳思穎）

鬥機一共運作了一百八十個小時，移除了五百二十八公斤的海洋垃圾。

整個過程中，除了得到慈濟基金會資金的協助之外，團隊也特別感謝慈濟請來的兩位業師給予的協助，讓計畫能走得更長遠。其中一位是「我們創造事務所」的吳漢忠執行長，陳思穎說：「漢忠執行長跟我們分享他規畫臺中花博的案例，讓我們學習資源的串接怎麼運作，與廠商合作不一定是直接金錢投資，也可以來自設備的提供。還有系統性的專案執行該怎麼做，對於未來讓戰鬥機落地到每個地點做地方創生很有幫助。」另外一位是臺大機械的詹魁元教授，陳思穎說：「教授是機械專業，也到現場看湛鬥機實際作業情形給我們意見。他還分享自駕車案例，說明硬體的設計及構造在臺灣發展的現況，對於未來湛鬥機如何有規模系統化的發展，讓我們少走冤枉路，讓我們修正設計圖往量產的模式改進。」

湛團隊也從創始三人團隊慢慢擴增中，二〇二〇年也將基地移至中央大學臨海工作站，準備進行新一代湛鬥機的開發。問團隊未來的計畫是什麼？陳思穎說：「湛沒有把重心放在推動海洋環保，因為倡議團體很多，學校課綱其實也有將海洋課程列入。我們主要還是以方法論去找出一個實務上適合的方法，更有效率的移除海洋垃圾。」甚至，團隊也不希望被定位成一個撿垃圾的團隊，而是試圖在現有的人力清運與出動清潔船之間，找出一種新的方法、新的模式，把環境帶到更好的方向；讓每一個想要維護環境的社區或單位，能用最輕鬆最安全的方式，一起保護海洋。

如同創辦的初心就是單純的認為：「一群人做一點，好過一個人做很多。」希望在湛鬥機成熟之時，帶著湛鬥機走進漁村，以居民為起點，建構示範漁港，然後擴大至整體社區設計、推動公民科學，加深社區民眾環保意識、並且舉辦生態講座，進而帶動環境永續、社會永續。

團隊工作人員與二代「湛鬥機」合影。（提供／陳思穎）

打掃海龜的家

——邱千蕙

二○二○年的第一天，早上六點氣溫大約十三度，在臺北淡水沙崙海灘聚集了三百多人，其中有大愛臺的員工一起來慶祝大愛臺二十二歲生日，還有文化大學、城市科技大學的慈濟大專青年社團學生，以及看到活動報名的社會人士。大家頂著前一晚跨年的疲憊，早起來參與慈濟舉辦的「美麗海岸線——環保淨灘活

動」，他們選擇用環保愛地球的方式開啟自己新的一年。

還原美麗沙灘

當天有許多父母帶著孩子一起來淨灘，孩子們做得起勁，卻也不斷發出疑問，「這裡怎麼會有保齡球啊！」「為什麼這裡有個大輪胎啊？」「居然有腳踏車？」現場不斷有許多奇奇怪怪不該出現在海邊的垃圾，引起眾人驚呼！

其中很辛苦的是分配到垃圾「重災區」的志工們，原來隨著海洋潮汐漲退，許多垃圾被沖上岸，卻卡在消波

二○二○年元旦慈濟人文志業中心同仁、城市科技大學與文化大學慈青一同在新北市沙崙海灘淨灘，以環保行動迎接嶄新的一年開始。（攝影／李政明）

臺北城市科技大學慈青社社長辛旻倩，是一位因早產而體弱多病的年輕人，但因為看到一部海龜鼻子不慎插入吸管，從此發願投入環保志工的行列。（攝影／吳思澄）

塊裡面，志工們必須爬進消波塊中，躬身彎腰撿垃圾，甚至有些卡在石頭縫中的大型垃圾，必須好幾個人合力，才能將垃圾從石縫裡拉出來。

另外一頭看到的志工群則是拿著網子，在沙灘上篩沙子！為什麼要做到這麼細？原來是許多垃圾經過長年的海浪拍打，沙灘裡藏了不少會扎腳的塑膠、鐵片、易開罐拉環或玻璃等碎片，志工們拿著細網，慢慢的將沙子跟垃圾篩分離。當天成果豐碩，三百多人總共清出了超過一千公斤的垃圾。

這項名為「美麗海岸線——環保淨灘活動」已舉辦過三次大型活動，是慈濟長期舉辦的活動。

身為慈濟志工也是這項活動的推動者潘信成說：「活動的是目標完成七次大淨灘，要把雙北市周邊海灘都涵蓋。其中一次要去離島做淨灘，希望能搜集七次成果，匯集成七色彩虹般的美麗海岸線，除了清除垃圾，更希望推廣少用一次性用品，把環保實際落實在生活中。」但目前三次大型活動仍在淡水沙崙海灘，因為光是這片沙灘就有太多的垃圾需要清除。

看起來透過淨灘做環保是沒效率的傻事，因為人工清理的速度遠不及人類製造垃圾的速度，但為什麼還是有很多志工團體、學校願意做這些傻事呢？因為這是一堂最容易入門的環境教育課，幼稚園孩子就能參加，除了清除多少垃圾，更重要的是能把愛護環境的種子植入孩子的心中。當參加者親眼看到日常生活中常見的寶特瓶、吸管、還有各種令人匪夷所思的物品全都成了海洋垃圾，驚嘆之餘，回到日常生活中，下次就會對便利地使用一次性用品感到遲疑、進而反思自身的生活。

而成立這項活動，背後的故事，是想替一個體弱多病的早產兒圓夢。

替一位早產兒圓夢

今年剛滿十八歲的辛旻倩是臺北城市科技大學慈青社的社長，出生時因為早產又低體重，後來又發現有些慢性疾病纏身目前只能與之共處。辛旻倩回憶道：「我記得有一次大吐血，急診護士直接衝出來拿給我一個大臉盆，叫我要吐就吐在裡面，把我整個推進急救室，之後我就整個人就瞬間昏倒了，醒來我是在負壓隔離病房，那次住院住了兩個月。」嚴重的病症曾經讓辛旻倩的求學過程很艱辛，時常要就醫，甚至遭受同學排擠霸凌，讓她因此沒有安全感，也非常的內向沒自信。

但病症卻給了辛旻倩一顆柔軟同理的心，她從小看著阿嬤跟社區的朋友一起去淨灘覺得很有趣，但因為身體狀況一次都沒參加，之後又看到可憐的海龜鼻子被插吸管的影片更激起她的憐憫心。在上大學後，某次逛社辦她看到了慈青社，很喜歡社團的氛圍於是就加入當慈青，開始圓她的志工夢。

大學時期有創立慈青社經驗的潘信成，後來擔任城市科技大學慈青社的陪伴指導學長多年，協助慈青們做訓練課程，也因此認識了辛旻倩。潘信成說：「做志工二十多年，一路走來幫助的個案林林總總，能夠遇到在生命艱困中，還能站起來走出去伸手幫助他人的還是不多，在這個年輕人普遍柔弱的世代，能遇到這樣頂著病痛的身體，努力走在付出道路上的年輕人真的不容易！因此特別想幫助她。」辛旻倩後來擔任慈青社社長後，因為身體過於孱弱，經常在做志工活動時暈倒，而潘信成自己也想嘗試做長期的專案計畫，因緣際會下，兩人互相搭配，辛旻倩成為淨

辛旻倩和青年團隊的夥伴們前往蘭嶼，進行一場與眾不同的無痕綠色環保旅遊。（攝影／吳思澄）

灘活動發起人，而潘信成則擔任與慈濟基金會還有外部團體溝通，推動計畫進行的負責人。

除了八次對外的大型淨灘活動之外，還有許多次他們自己組小團隊去淨灘，慢慢從中累積經驗，並且為了讓大眾對環境保護議題更有感，團隊也曾在臺北華山藝文中心辦展，用了許多回收和淨灘回來的垃圾做裝置。此外，團隊也試圖推廣理念與更多的單位合作，例如本食蔬食餐廳在認識辛旻倩後，被她感動，每次淨灘都提供志工餐點；而元旦一早，則有北投一家麵包店也加入提供志工餐點的善舉，此外，辛旻倩的故事也感動了一位企業家用種樹的方式響應做環保。天道酬勤吧！這些看似傻傻在做的事，卻默默的讓善的循環就像漣漪一樣逐漸擴散出去。而辛旻倩個人也在這些環保活動中，更加開闊視野和成長。

無痕旅遊　環保帶著走

九月慈青團隊繼續前往蘭嶼，利用暑假的尾巴進行一次無痕綠色環保旅遊的嚐試，這是在許多淨灘活動之後，大家想要進一步為環保做些什麼的想法。因為長期淨灘下來，只是後端垃圾的撿拾，如何去改變大家不用、不丟的觀念，才是更根本的。野外旅遊是辛旻倩和家人喜愛的活動，而蘭嶼的海龜也一向吸引著她，但是在旅遊後，如何不要留給當地垃圾和汙染，無形中破壞了大自然？

在潘信成的引介下，這趟蘭嶼之行，他們住宿綠色環保旅店，自備環保杯，使用旅店的飲水，不用瓶裝水，旅店也不提供一次性用品。也與當地的淨灘環保團體連結，不用對環境有傷害的防曬油，海邊玩水邊淨灘，上山踏查同時淨山，也向其他遊客宣導環保理念，離開蘭嶼時把自己產生的垃圾全部都帶走，同時再幫忙當地環保團體，一人認養一公斤的回收物帶到臺灣。整個活動都錄影留存，剪輯成影片向人宣導，希望能帶動無痕環保旅遊的風氣。當然，也希望辛旻倩喜歡的海龜，不會再因為垃圾而受到傷害。

一個體弱多病小女生的夢想，為什麼可以產生這麼大的能量，感動這麼多人？或許正是因為她與病魔、死神搏鬥不服輸的精神，號召了許多貴人出現相助吧！辛旻倩說：「這也算是先天性滿罕見的疾病，不大會痊癒，只能靠藥物控制不惡化。醫生說還是要靠自己戰勝疼痛及困難，才能降低進出醫院的次數。每天要吃一大堆的藥，說真的我也害怕自己會有要洗腎的一天。住院時醫生也說真的要很小心，就怕大出血一沒注意可能人就拜了。真的可以深深的了解什麼是無常總是比明天先到，只能把握用力活在每個當下。」

不怨天尤人選擇積極的活，把握時間盡可能的去愛，愛人愛地球，一個老生常談

大家到蘭嶼海邊遊玩，同時備好淨灘的工具，將淨灘變成旅遊。（攝影／吳思澄）

的道理，卻有一個小女生拚盡全力在告訴這個世界，她正在做而且她不柔弱。

這一群對生活、環境、社會有想法，渴望解決問題改變社會的年輕人，他們抱著一股熱血，勇敢執行心中夢想，創造自己的價值與未來，藉由社群的力量，影響更多的人，讓「改變」成為可能。

（攝影／吳思澄）

淨灘旅遊的成果。（攝影／吳思澄）

特別感謝

本書承蒙諸多專家學者及實務先進接受採訪，提供寶貴意見，並予以提點指導，特列於後以表感恩之意。（依筆劃排列）

牛江山　慈濟科技大學／學務長
李家維　清華大學分子與細胞生物研究所／教授、國立自然科學博物館文教基金會／董事長、辜嚴倬雲植物保種基金會／執行長
李偉文　荒野保護協會／榮譽理事長兼創會秘書長
李妙玲　里仁事業股份有限公司／總經理
李鼎銘　大愛感恩科技／總經理
李嘉富　臺北慈濟醫院／身心科醫師
邱濟民　環保署資源回收管理基金管理會／副執行秘書
林名男　大林慈濟醫院／副院長
耿念慈　慈濟科技大學醫療影像暨放射科學系／副教授
徐振捷　梨理人農村有限公司／共同創辦人
陳曼麗　主婦聯盟環境保護基金會／前董事長、看守台灣協會／理事
陳思穎　為湛而戰　海洋垃圾移除計畫團隊／隊長
連奕偉　環保署資源回收管理基金管理會／組長
彭啟明　天氣風險管理開發公司／總經理
游子昂　格外農品／創辦人
葉欣誠　臺師大環境教育研究所／教授、行政院環保署／前副署長
葉采靈　慈心有機農業發展基金會／課長
楊明崇　臺北慈濟醫院／工務室主任
蔡欣樺　彰化地檢署主任觀護人
蔡昇倫　淨斯人間／研發長
潘信安　大愛電視臺／《熱青年》導演
劉威忠　慈濟科技大學醫療影像暨放射科學系／助理教授
賴曉芬　主婦聯盟環境保護基金會／前董事長、現任常務監察人
謝景貴　稻寶地幸運農／共同創辦人、慈濟基金會前宗教處／主任
魏子昆　慈濟科技大學／總務長
顏旭明　環保署資源回收管理基金管理會／執行秘書
簡又新　永續能源研究基金會／董事長、行政院環保署／首任環保署長

慈濟基金會：

甘萬成、呂學正、柳宗言、陳哲霖、郭素芳、曹芹甄、曾慈慧、楊贊弘等

慈濟志工：

辛旻倩、林金國、洪利當、洪正明、施淑吟、高肇良、陳玉美、陳松田、楊志偉、蔡寬、潘信成、蕭秀珠、羅恒源等

2019 年慈濟環保志工臺灣分布概況

統計時間：2019/12/31 止　資料來源：慈濟基金會

北部	總人數
臺北	37,324
新北	
基隆	
金門	
澎湖	199
桃園	5,561
新竹	4,817

中部	總人數
苗栗	581
臺中	7,884
南投	1,553
彰化	4,091

東部	總人數
宜蘭	2,710
花蓮	526
臺東	480

南部	總人數
雲林	943
嘉義	2,260
臺南	5,718
高雄	11,240
屏東	3,698

【註】

臺北、新北、基隆、金門等四地因慈濟社區運作模式，採合併計算，無各別數據。

2019年慈濟環保據點臺灣分布概況

統計時間：2019/12/31止　資料來源：慈濟基金會

◆2019年慈濟於臺灣，設有273處環保站、8,536處社區環保點，總計8,809處。

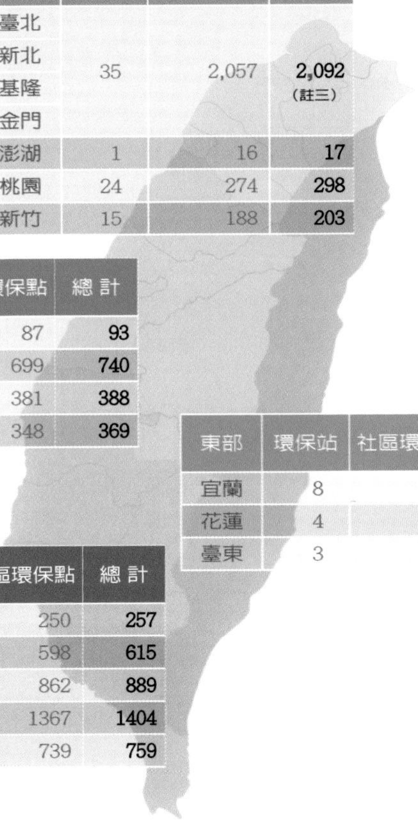

北部	環保站（註一）	社區環保點（註二）	總計
臺北 新北 基隆 金門	35	2,057	**2,092**（註三）
澎湖	1	16	**17**
桃園	24	274	**298**
新竹	15	188	**203**

中部	環保站	社區環保點	總計
苗栗	6	87	**93**
臺中	41	699	**740**
南投	7	381	**388**
彰化	21	348	**369**

東部	環保站	社區環保點	總計
宜蘭	8	123	**131**
花蓮	4	297	**301**
臺東	3	250	**253**

南部	環保站	社區環保點	總計
雲林	7	250	**257**
嘉義	17	598	**615**
臺南	27	862	**889**
高雄	37	1367	**1404**
屏東	20	739	**759**

【註】

一、環保站：為慈濟志工在各社區集中資源回收物的場所，開放給大眾了解慈濟、了解環保，進而力行環保。

二、社區環保點：社區中認同環保理念的人，在慈濟志工的帶動下，在適當的地點，定點、定時收集資源回收物資，再送往慈濟環保站延續物命。

三、臺北、新北、基隆、金門等四地因慈濟社區運作模式，採合併計算，無各別數據。

2019 年慈濟全球環保志工人數暨環保據點數

統計時間：2019/12/31 止　資料來源：慈濟基金會

◆截至2019年底
全球計有19個國家地區，設置532環保站，設置10,012社區環保點，
總計112,016位環保志工投入環保志業，以行動守護地球。

亞洲（12）			
國家地區	環保站	社區環保點	環保志工人數
臺灣	273	8,536	89,585
中國大陸	44	323	6,000
馬來西亞	154	876	12,349
印尼	28	41	600
菲律賓	4	16	185
香港	2	18	180
泰國	—	3	53
新加坡	1	40	1,100
汶萊	1	1	15
斯里蘭卡	0	2	65
越南	—	5	50
柬埔寨	—	5	131
合計	509	9,929	110,268

美洲（4）			
國家地區	環保站	社區環保點	環保志工人數
美國	19	9	197
瓜地馬拉	—	1	3
加拿大	—	23	710(人次)
智利	—	4	20
合計	19	37	930

大洋洲（2）			
國家地區	環保站	社區環保點	環保志工人數
澳洲	2	3	199
紐西蘭	1	1	35
合計	3	4	234

非洲（1）			
國家地區	環保站	社區環保點	環保志工人數
南非	1	42	584
合計	1	42	584

【註】

一、社區環保點：社區中認同慈濟環保理念的人，在慈濟志工的帶動下，在適當地點，定點、定時收集資源回收物資，再送往慈濟環保站延續物命。

二、環保站：為慈濟志工在各社區集中資源回收物的場所，開放給大眾了解慈濟、了解環保，進而力行做環保。

2019 年慈濟臺灣各類資源回收總重量

統計時間：2019/12/31 止　資料來源：慈濟基金會

回收總重量（公斤）	寶特瓶總重量	紙類總重量
81,831,205	3,803,635	39,553,633
塑膠總重量	鐵類總重量	鋁類總重量
6,424,653	8,044,999	903,437
廢五金總重量	舊衣物總重量	玻璃瓶類總重量
561,482	3,851,664	11,151,187
銅類總重量	鋁箔包總重量	白鐵總重量
294,832	2,598,649	290,709
塑膠袋總重量	電池總重量	其它（註）
3,689,890	187,199	475,236

【註】

一、以上數據單位為「公斤」。

二、光碟、手機、平板、電腦、日光燈管等皆屬其他類。

歷年慈濟基金會臺灣地區紙類回收換算圖

統計時間：2019/12/31 止　資料來源：慈濟基金會

◆ 慈濟自1995年至2019年，紙類回收總重量1,439,695,935公斤，相當於挽救28,793,918.7棵20年生的大樹。

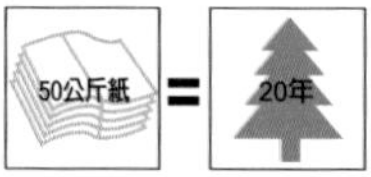

50公斤回收紙=1棵20年大樹

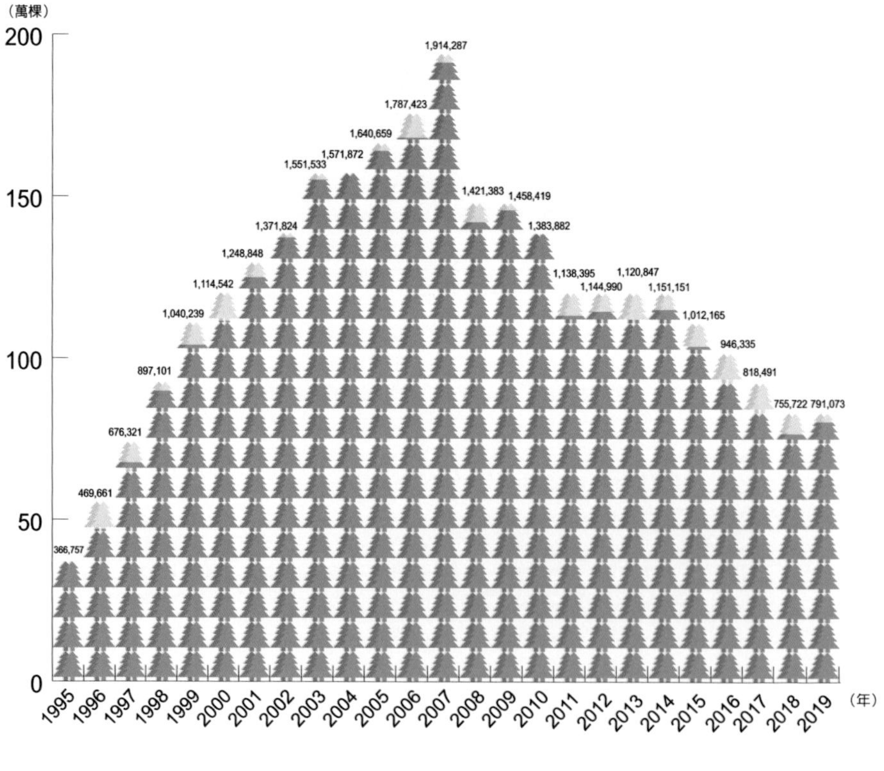

環保大事紀

年代	慈濟環保	臺灣環境	國際環境
1760			·工業革命興起，開啟以機器代替手工勞動的時代
1830			·第二波工業革命，人類進入電氣時代
1839			·發明「保麗龍」，相關商品於一九三〇年問世，盛行全球
1966	·證嚴上人成立「佛教克難慈濟功德會」	·加工出口區陸續成立，開始創造臺灣經濟奇蹟	
1969		·臺灣經濟成長率居亞洲國家之冠	
1972			·「聯合國人類環境會議」提出《人類環境宣言》，環境保護正式引起世界各國政府重視
73			·第一次能源危機
74		·「廢棄物清理法」實施	

78

- 第二次石油危機

1982

- 中壢市與桃園縣爆發垃圾大戰
- 環保局成立（一九八七年八月升格行政院環境保護署）

1983

- 宣導使用公筷母匙、免洗餐具，預防感染B型肝炎
- 爆發高濃度戴奧辛汙染事件
- 工廠排放重金屬廢水，爆發全臺第一宗鎘米汙染事件

1984

- 高雄縣掀起垃圾大戰，市區垃圾無處倒
- 臺北市內湖垃圾山大火
- 臺中縣大里鄉及太平鄉民合組「吾愛吾村公害防衛會」，國內第一個民間組成的環保團體

1985

- 全臺第一座垃圾掩埋場在臺北市木柵福德坑啟用
- 發現南極臭氧層破洞，歸納出是由氟氯碳化物所造成

1986

- 「花蓮慈濟醫院」啟業
- 居民反對美商杜邦在彰濱工業區設立二氧化鈦工廠而上街抗議。此舉為民間環保意識抬頭的象徵
- 車諾比核災

年代	慈濟環保	臺灣環境	國際環境
1987		・環保局升格為行政院環境保護署 ・「財團法人新環境基金會」成立，目標為創造一個人類及其他萬物尊嚴共存的新環境	・全球一九七個國家共同簽署「蒙特婁破壞臭氧層物質管制議定書」（Montreal Protocol），嚴禁使用氟氯碳化物與其他工業噴霧劑，保護臭氧層 ・聯合國環境與發展委員會主席葛羅．哈林．布倫特蘭德（Gro Harlem Brundtland）女士，提出永續發展的概念，並在第四十二屆聯合國大會通過，正式定義永續發展為「既能滿足當代人的需要，又不會對後代人滿足他們需要的能力構成危害的發展。」
1988			・聯合國政府間氣候變化專門委員會（Intergovernmental Panel on Climate Change，簡稱 IPCC）成立，號召數千位科學家與專家投入研究人為影響氣候變遷的風險

1989

- 「慈濟護理專科學校」建校，一九九七年改制「慈濟技術學院」，二〇一五年改制「慈濟科技大學」
- 政府發布「廢寶特瓶回收清除處理辦法」。實施寶特瓶回收，並進一步推動汙染者付費觀念
- 「財團法人主婦聯盟環境保護基金會」正式成立，提倡垃圾分類、自備購物袋，推動環保運動

1990

- 證嚴上人呼籲「用鼓掌的雙手做環保」，慈濟志工起而行動，自宅變資源回收站，進而影響社區

1991

- 與金車教育基金會合作舉辦「預約人間淨土」活動，帶動淨化人心、家庭、社會省思風潮
- 慈濟護專展開各項環保工作，推行校內垃圾分類
- 花蓮慈濟醫院環保社成立，推行環保活動
- 全臺第一座垃圾焚化爐在內湖啟用

年代	慈濟環保	臺灣環境	國際環境
1992	・第二波「預約人間淨土」宗旨在落實全民綠化工作，永留子孫自然空間；推廣環保護生觀念，珍惜地球萬物資源 ・花蓮慈濟醫院員工餐廳響應環保，全面停用紙製餐具，推行自備餐具運動	・第一家手搖飲創立，手搖飲料產業迅速崛起，大量一次性飲料杯、吸管形成新的垃圾問題 ・農委會停止天然森砍伐，以保護水土資源	・聯合國召開「環境與發展會議」（The United Nations Conference on Environment and Development，簡稱UNCED）又被稱為「地球高峰會」，一百多個國家開放簽署「聯合國氣候變遷綱要公約」（United Nations Framework Convention on Climate Change，簡稱為UNFCCC）和「生物多樣性公約」（Convention on Biologi-cal Diversity）兩個具法律拘束力之協議，決定全球共同面對氣候變遷和永續發展的行動
1994	・全面推動環保餐具的使用		・UNFCCC 生效

1995

- 「荒野保護協會」成立，致力於自然教育、棲地保育與守護行動，推動荒野保護工作
- 「聯合國氣候變遷綱要公約」的締約方會議（Conferences of the Parties，COP），通過《京都議定書》（Kyoto Protocol），要求公約附件中的已開發國家承擔起溫室氣體減量的義務

1996

- 賀伯風災，推廣救山救海的水土保護觀念
- 受證嚴上人「用鼓掌雙手做環保」理念啟發，富勝董事長柯漢哲研發出首批寶特瓶再生回收纖維（保特紗PETSPUN®），成為臺灣第一家生產環保再生布料的公司

1997

- 政府推動「資源回收四合一計畫」，由社區民眾透過家戶垃圾分類，將各類小型資源物品，結合地方政府清潔隊、回收商及回收基金之力量予以回收再利用
- 「慈心有機農業發展基金會」成立，致力於有機農業的推廣
- UNFCCC 通過《京都議定書》

年代	慈濟環保	臺灣環境	國際環境
1998		·第一次全國能源會議 ·「里仁公司」門市成立，協助有機農業轉型期農友解決產品通路行銷問題	
1999	·九二一地震希望工程鋪設能透水、透氣的連鎖磚，讓大地呼吸		
2000	·「大愛電視臺」成立，倡導美善人生、環保理念	·研擬溫室氣體防制法草案 ·臺北市政府推行「垃圾費隨袋徵收」制度	·第三波工業革命，進入以原子能、電子計算機、智慧型行動裝置等為主的科技世代 ·聯合國高峰會共同發布「千禧年發展目標」（The Millennium Development Goals，MDGs）。期盼以15年的時間，落實消滅貧窮飢餓、普及基礎教育、促進兩性平等、降低兒童死亡率、提升產婦保健、對抗病毒、確保環境永續與全球夥伴關係等8項目標

2001	2002	2003
·賑災兼顧環保，慈濟急難救助全面採用環保餐盒 ·「慈濟環境教育師資培育計畫」啟動，培育環保教育種子講師，落實社區環境教育的推廣		·慈濟人道援助會成立，著力賑災與環保再生理念的物資研發 ·ＳＡＲＳ傳染病流行，推動齋戒、茹素護生
	·制定「資源回收再利用法」 ·推動購物用塑膠袋減量工作（限塑政策）	

年代	慈濟環保	臺灣環境	國際環境
2005	·美國慈濟總會應邀參與聯合國世界環保日活動，於開幕典禮中致詞，分享慈濟環保理念 ·推廣「環保五化」：年輕化、生活化、知識化、家庭化、心靈化	·第二次全國能源會議 研擬「溫室氣體減量法」 ·實施垃圾強制分類、推動垃圾不落地政策	·《京都議定書》生效
2006	·慈濟環保毛毯問世	·政府機關禁用免洗餐具	
2007	·推動「克己復禮」運動——有禮真好、全民減碳		
2008	·大愛感恩科技公司成立 ·莫拉克風災，呼籲讓山林安養生息 ·全球糧荒、金融危機，籲眾惜糧，回歸清平生活（克勤克儉、節能減碳）	·莫拉克風災造成重大災情，被認定為全球暖化下極端氣候導致的大型災害	·全球爆發金融海嘯危機 ·全球發生糧食危機

2010	2011	2012
・環保20年——清淨在源頭、環保精質化		・大愛感恩科技取得「搖籃到搖籃®」銀級認證 ・證嚴上人提倡「八分飽兩分助人好」理念，慈濟推零廚餘運動
・制定「環境教育法」	・塑化劑食安風暴，食品 GMP 認證淪陷，而後毒醬油、毒澱粉、劣質油品等事件頻傳，民眾開始重視食安，開啟有機、天然食品市場快時尚進軍臺灣，各大品牌紛設櫃 ・全球人口突破七十億 ・東日本大震災引起福島核災事件 ・「環境教育法」正式上路，全國高中以下學生規定必須要上四小時以上的環保教育課程	

年代	慈濟環保	臺灣環境	國際環境
2013	·首次參加聯合國氣候變遷會議		
2015	·巴黎聯合國氣候峰會辦記者會，推廣慈濟環保理念 ·峰會見聞，讓上人慨嘆面對全球暖化危機，大家僅有「共知、共識」，仍無法做到「共行」	·中部縣市垃圾大戰，各地清運的垃圾來不及焚化而堆積，並延伸出焚化爐服役年限隱憂	·「聯合國氣候變遷綱要公約」的締約方會議（Conferences of the Parties，COP）通過《巴黎協定》，取代《京都議定書》。由各國自主提出減碳目標，希望在本世紀結束之前，將全球溫度控制在與工業革命前相比，最多升高攝氏一點五至二度
2016		·中國經濟起飛，舊衣需求轉為供給，每月出口千餘貨櫃至非洲等地，導致臺灣舊衣出口價崩盤，年約六萬公噸舊衣成垃圾 ·美國《華爾街日報》五月十七日報導，盛讚臺灣是垃圾處理的天才（Taiwan: The World's Geniuses of Garbage Disposal）	

2018

・全國擴大實施限塑規範，保護海洋生態

・瑞典女孩桑柏格（Greta Thunberg）發起為氣候變遷罷課行動，掀起全球熱潮

・聯合國政府間氣候變化專門委員會（IPCC）發布報告，指出若要維持《巴黎協定》中全球升溫一點五度的目標，須在二〇五〇年以前達到二氧化碳的淨零排放

・氣候變遷大會COP24，超過40家時尚品牌執行長簽署「時尚產業氣候憲章」

・中國大陸實施「洋垃圾」禁令

年代	慈濟環保	臺灣環境	國際環境
2019	・取得聯合國環境署非政府組織觀察員身份 ・首次出席聯合國環境大會 ・與「國家災害防救科技中心」，簽訂「災防科技合作協議」 ・與中央氣象局簽署「防賑災氣象運用及教育推廣合作」備忘錄 ・苗栗慈濟園區啟用全臺第一個「慈濟防備災教育中心」		・印尼、馬來西亞、越南、菲律賓、柬埔寨、斯里蘭卡等國相繼宣布絕收外國垃圾，並退回非法垃圾 ・科學家宣布六月是人類在一個多世紀前開始記錄溫度以來最熱的一個月，法國南部高溫達四五・九度

2020

・與水利署簽署「災害防救研發應用」合作備忘錄

・慈濟基金會環保30週年系列活動，特與大愛感恩科技公司合作打造「行動環保教育車」首站前往嘉義市，展開全臺巡迴教育展覽活動。

・與行政院環保署簽署合作備忘錄，共同向社會大眾推廣「清淨在源頭 簡約好生活」的環保理念。

・高雄慈濟靜思堂通過行政院環保署「環境教育設施場所」認證

・新冠病毒全球擴散，證嚴上人呼籲以虔誠茹素，遠離災疫

・地球升溫屢創新高，根據美國國家海洋和大氣管理局（NOAA）資料顯示，二〇二〇年五月全球表面溫度較二十世紀均溫高出〇．九五度，突破一百四十年紀錄

・六月二十日，俄羅斯西伯利亞的維科揚斯克測到逼近三十八度的高溫，打破了北極圈內有紀錄以來的最高溫度紀錄

・新冠病毒（COVID-19）全球擴散，疫情所到之處人們戴上口罩、保持社交距離，封城、鎖國，結束各種外出和人與人的親近接觸。許多封城地區上方空汙消失或大幅減輕；恒河、威尼斯運河澄清；都市居民讓出的生活空間，周邊野生動物開始進入

地球事，我的事

作　　者／潘俞臻．羅世明．沈昱儀．吳瑞祥．黃湘卉．吳明勳．邱千蕙．莊玉美．許淑椒．
賴睿伶．朱秀蓮．李志成．蔡翠容．蘇慧智．江淑怡．林如萍（依篇章序）

策劃指導／顏博文（慈濟基金會執行長）
總 策 劃／何日生（慈濟基金會文史處）
出版統籌／賴睿伶（慈濟基金會文史處）
企劃編輯／羅世明（慈濟基金會文史處）
編　　校／羅世明．邱千蕙．黃基淦．吳瑞祥．許淑椒．莊玉美

圖文協力／文史處圖像組．宗教處環保推展組．慈善志業發展處災防組
資料來源／《慈濟》月刊．《經典》雜誌．慈濟全球資訊網．大愛感恩科技．行政院環保署．
為湛而戰．梨里人．格外農品
照片版權／慈濟基金會提供

責任編輯／林欣儀
美術編輯／劉曜徵

總 編 輯／賈俊國
副總編輯／蘇士尹
行銷企畫／張莉滎．廖可筠．蕭羽猜

發 行 人／何飛鵬
法律顧問／元禾法律事務所王子文律師
出　　版／布克文化出版事業部
臺北市中山區民生東路二段 141 號 8 樓
電話：(02)2500-7008 傳真：(02)2502-7676
Email：sbooker.service@cite.com.tw
發　　行／英屬蓋曼群島商家庭傳媒股份有限公司城邦分公司
臺北市中山區民生東路二段 141 號 2 樓
書虫客服服務專線：(02)2500-7718；2500-7719
24 小時傳真專線：(02)2500-1990；2500-1991
劃撥帳號：19863813；戶名：書虫股份有限公司
讀者服務信箱：service@readingclub.com.tw
香港發行所／城邦（香港）出版集團有限公司
香港灣仔駱克道 193 號東超商業中心 1 樓
電話：+852-2508-6231　傳真：+852-2578-9337
Email：hkcite@biznetvigator.com
馬新發行所／城邦（馬新）出版集團 Cité (M) Sdn. Bhd.
41, Jalan Radin Anum, Bandar Baru Sri Petaling,
57000 Kuala Lumpur, Malaysia
電話：+603- 9057-8822　傳真：+603- 9057-6622
Email：cite@cite.com.my

印　　刷／韋懋實業有限公司
初　　版／2020 年（民 109）11 月
售　　價／450 元
ISBN／978-986-5568-01-6（平裝）

地球事，我的事 / 羅世明等文；賈俊國總編輯. -- 初版. -- 臺北市：布克文化出版：家庭傳媒城邦分公司發行，民109.11
400 面；15x21 公分

ISBN 978-986-5568-01-6（平裝）

1. 環境保護 2. 佛教說法

445.99　　109016702

城邦讀書花園 www.cite.com.tw　布克文化